新空间·新业态·新交通

——2025 城市交通规划年会论文集

中国城市规划学会城市交通规划专业委员会　编

中国建筑工业出版社

图书在版编目（CIP）数据

新空间·新业态·新交通 ：2025城市交通规划年会论文集 / 中国城市规划学会城市交通规划专业委员会编. 北京 ：中国建筑工业出版社，2025. 8. -- ISBN 978-7-112-31390-7

Ⅰ. TU984.191-53

中国国家版本馆CIP数据核字第2025ME0656号

新空间·新业态·新交通——2025城市交通规划年会论文集

中国城市规划学会城市交通规划专业委员会 编

*

中国建筑工业出版社出版、发行（北京海淀三里河路9号）

各地新华书店、建筑书店经销

北京鸿文瀚海文化传媒有限公司制版

北京云浩印刷有限责任公司印刷

*

开本：850毫米×1168毫米 1/32 印张：$10\frac{5}{8}$ 字数：265千字

2025年8月第一版 2025年8月第一次印刷

定价：**59.00**元

ISBN 978-7-112-31390-7

（45398）

本书收录了“2025城市交通规划年会”入选论文218篇。内容涉及与城市交通发展相关的诸多方面，强调空间协同、规划转型、新业态与新技术以及智能决策，反映了我国交通规划设计、交通治理等理论和技术方法的最新研究成果，以及在大模型与应用、城市更新与韧性提升等领域的创新实践。

本书可供城市建设决策者、交通规划建设管理专业技术人员、高校相关专业师生参考。

责任编辑：黄 翊 徐 冉
责任校对：赵 菲

目　录

01　宣讲论文

02　综合交通与规划转型

03　轨道交通与站城融合

04 城市更新与韧性提升

05 交通新业态与新技术

06 公共交通协同与创新

07 非机动交通与停车治理

08 交通模型与智能决策

01 宣讲论文

城中村交通综合治理体系重构及多维度、分层次改善关键技术研究

颜建新　王　涛　葛宏伟　荣利利

【摘要】本文采用分类分级、分层解析的思路，从交通脉络、交通节点、交通场所、交通服务、交通安全五大维度系统性归纳16大类、60余小类关键影响因素，总结一套比较成熟、可复制推广的城中村交通综合治理系统性分析策略与方法，并提炼出空间局促与用地紧约束条件下可供推广的“微设计、微创新、微改造”手段。以深圳市光明区南庄新村为案例，按照“交通引领、版块协同、同步实施”模式，契合理论制定详细交通综治规划设计方案。方案实施后，城中村市容市貌与交通运行环境得到大幅改善。本文可为其他城市系统性开展城中村交通综合治理提供理论与实践参考。

【关键词】城中村综合治理；交通引领；隐患治理；微设计；微创新；微改造

【作者简介】

颜建新，男，硕士，深圳市综合交通与市政工程设计研究总院有限公司，规划二院副院长，高级工程师。电子邮箱：511865660@qq.com

王涛，男，博士，桂林电子科技大学，建筑与交通工程学院院长。电子邮箱：wangtao@guet.edu.cn

葛宏伟，男，博士，深圳市综合交通与市政工程设计研究总院有限公司，副总经理，教授级高级工程师。电子邮箱：30183025@qq.com

荣利利，女，硕士，深圳市综合交通与市政工程设计研究总院有限公司，高级工程师。电子邮箱：547119380@qq.com

基金项目：国家自然科学基金项目“复杂交通环境下人机共驾实时安全态势评估方法研究”（52262047）

中小城市老年人公交出行特征及票价和补贴政策研究

王园园　唐　丽

【摘要】本文通过对两个小城市老年人和其他乘客公交刷卡数据的分析对比，总结了老年人出行在频率以及时间分布上的特征。在乘坐公交刷卡免费政策的条件下，老年人公交出行频率更高，是其他乘客群体平均值的3倍以上；老年人公交出行次数具有往返对应的偶数特征；超过70%的老年人乘坐公交出发并返回的活动时间在3小时以内，并且集中发生在上午或者下午，其中以上午居多；老年人对公交票价敏感程度较高，每月限制免费刷卡次数的优惠政策会抑制高频公交出行老年群体的出行量，但同时也会刺激部分低频公交出行老年群体增加公交出行次数。结合老年群体与其他乘客的公交出行特征差异，本文提出了线路和车辆排班的建议以及老年群体公交优惠政策、公交财政补贴政策的优化建议。

【关键词】老龄化；公共交通；刷卡数据；优惠政策；财政补贴

【作者简介】

王园园，男，博士，上海邑途交通工程设计咨询管理有限公司，总经理。电子邮箱：banditbandit@163.com

唐丽，女，学士，四川质联企业管理咨询有限公司，总经理。电子邮箱：153591712@qq.com

基于实证的轨道交通与常规公交融合发展对策研究

——以宁波市为例

洪智勇　张新运　项　玮　施展华　吕　丹　陈志杰

【摘要】在新冠疫情冲击、轨道交通网络完善及新型出行方式扩张等多重因素影响下，我国城市常规公交客运量持续下滑。鉴于此，本研究以宁波市为例，基于轨道交通与常规公交的竞争合作、优势互补及一体化功能关系，提出融合发展的三大策略：一是增强公共交通系统整体竞争力，通过TOD开发优化站城人一体化功能，借鉴日本东京涩谷站经验，提升城市空间服务效能；二是提高两网耦合性，以成都市“按需定线、智慧支撑”模式为参考，通过客流走廊识别与分层线网规划优化协同发展；三是提升常规公交服务水平，结合首尔、巴塞罗那等城市的运营改革与线路优化经验，聚焦干线提速、低效线路整合及同步换乘网络构建。在宁波实践中，提出分级TOD开发、公交组团精准划分及供需精准匹配等举措，有效优化轨道交通与常规公交的资源配置与接驳效率。研究结论表明，强化轨道交通引领作用、构建多层次服务链及平衡竞争合作关系，是提升公共交通整体效能、实现降本增效与可持续发展的关键路径。

【关键词】轨道交通；常规公交；融合发展；TOD；宁波市

【作者简介】

洪智勇，男，硕士，宁波市规划设计研究院，工程师。电子

邮箱：hongzhiyong898@163.com

张新运，男，硕士，宁波市规划设计研究院，工程师。电子邮箱：zhanxinyun@163.com

项玮，女，硕士，宁波市规划设计研究院，交通所副所长，高级工程师。电子邮箱：1115848192@qq.com

施展华，女，硕士，宁波市规划设计研究院有限公司，助理工程师。电子邮箱：zhanhuashi0721@163.com

吕丹，男，硕士，宁波市公安局交通警察局，副科级。电子邮箱：493669055@qq.com

陈志杰，男，博士，宁波市规划设计研究院，高级工程师。电子邮箱：czj@163.com

基金项目：浙江省自然资源厅2022年度科技项目“面向低碳的城市公共交通规划技术研究与集成应用”（2022-17）

武汉市轨道交通TOD发展策略与实施路径研究

代希腾　袁建峰　代　琦

【摘要】地铁城市建设是武汉市交通强国试点方案重要组成部分。为了进一步推进地铁城市规划建设，本文以武汉市TOD发展实施为模板，从实施中存在的短板问题出发，总结国内一线城市在TOD规划策略与实施机制上的经验，盘整轨道交通站点周边存量空间资源，提出轨道交通TOD发展策略及目标，构建TOD发展空间格局，完善轨道交通发展策略与规划指引。以实施为导向，研究实施保障机制，优化轨道交通综合开发规划编制体系，完善综合开发政策体系，保障轨道交通TOD发展的实施落地，实现轨道交通周边空间品质与城市功能提升。

【关键词】TOD开发；交通指引；功能指引；规划体系；政策体系

【作者简介】

代希腾，男，硕士，武汉市规划研究院（武汉市交通发展战略研究院），高级工程师。电子邮箱：1152854434@qq.com

袁建峰，男，硕士，武汉市规划研究院（武汉市交通发展战略研究院），正高级工程师。电子邮箱：yuanjianfeng@wpdi.cn

代琦，女，硕士，武汉市规划研究院（武汉市交通发展战略研究院），高级工程师。电子邮箱：daiqi@wpdi.cn

城市更新背景下武汉市片区交通规划策略研究

杜建坤　李　瑞

【摘要】随着城市化进程的加快，我国城市逐渐从增量扩张转向存量优化，城市更新成为推动高质量发展的重要路径。“十四五”时期国家和部委对于城市更新提出严控大拆大建新要求。在此背景下，片区交通规划面临用地性质转变、交通需求多元化、既有设施适应性不足等挑战。本文以武汉虎泉城市更新区为例，总结了片区交通规划经验，按照最便捷、最绿色、最品质的规划理念，提出了道路系统、慢行系统、公交系统、静态交通四类规划策略，构建了城市更新片区完整交通体系，以期为其他城市更新片区的交通规划建设提供参考。

【关键词】区域治理；规划方法；城市交通

【作者简介】

杜建坤，女，硕士，中国，武汉市规划研究院（武汉市交通发展战略研究院），工程师。电子邮箱：772588733@qq.com

李瑞，男，硕士，武汉设计咨询集团有限公司，工程师。电子邮箱：522062389@qq.com

三维协同驱动城市交通高质量发展路径研究

陈纤绮

【摘要】针对城镇化进程中城市交通系统面临的空间错配、制度滞后及服务失衡等问题，本研究构建了空间优化、业态创新与服务升级三维协同驱动模型，提出城市交通高质量发展路径。通过整合复杂网络分析、时空大数据挖掘与数字孪生技术，建立包含空间连接度、业态弹性系数和服务匹配度的 S-T-C 三维评价框架，开发多目标协同度函数（弹性参数 α=0.78，β=0.32，γ=0.41，δ=0.27）及动态调整机制。创新性地提出低空经济立体走廊规划方案，实现无人机物流与地面交通 97% 的时空衔接率，并通过 TOD 模式优化使职住平衡度提升 20% ~ 35%。案例验证表明，该模型可提升交通投资效益 23% ~ 41%，降低主干道延误 37%，优化资源配置效率 20% ~ 30%。研究为破解城市交通多维协同瓶颈提供理论支持与技术路径，助力新型城镇化高质量发展。

【关键词】三维协同驱动；城市交通高质量发展；低空经济立体走廊；TOD 模式；数字孪生技术

【作者简介】

陈纤绮，女，硕士研究生，大连海事大学。电子邮箱：1483267529@qq.com

基于AI视频识别的地库智慧停车系统研究

郭玉彬　赵春雷　洛玉乐　尚庆鹏

【摘要】近年来，我国停车设施规模持续扩大，停车秩序不断改善，但仍存在供给能力短缺、治理水平不高等问题。尤其是一些早期建造的地下车库，停车秩序混乱，安全隐患严重，未实现智慧化管理。如何利用现有条件，在减少成本的前提下，实现地下车库的智慧化管理，是推动停车设施智能化高质量发展的重点。本研究基于地下车库现有监控设备，接入GPU服务器，搭建基于YOLO11目标检测算法的车头检测模型，精准检测车辆、车位位置，进而实现车位占用、车辆违停情况判断，并通过DeepStream流处理平台进行多路地下车库监控视频流的拉取，运用TensorRT加速引擎提升网络模型推理效率，最后实现多路监控视频同时处理，实时分析地下车库车位情况，减少人力、设备成本，提高停车场的智慧化管理水平。

【关键词】视频识别；智慧停车系统；目标检测；神经网络模型部署

【作者简介】

郭玉彬，男，硕士，天津市城市规划设计研究总院有限公司，工程师。电子邮箱：994646271@qq.com

赵春雷，男，硕士，天津市城市规划设计研究总院有限公司，工程师。电子邮箱：25248835@qq.com

洛玉乐，女，硕士，天津市城市规划设计研究总院有限公司，工程师。电子邮箱：luo_yule@163.com

尚庆鹏，男，硕士，天津市城市规划设计研究总院有限公司，工程师。电子邮箱：sqp378@163.com

基于关联分析的自行车事故致因研究

李　瑞　杜建坤　丁红亮

【摘要】尽管自行车出行表现出众多优势，但由于其易受伤害的特性，涉及自行车的事故在所有碰撞事故中占很大比例。自行车事故可能是由于各种因素之间复杂的相互作用造成的。然而，现有研究主要集中在探讨单个风险因素对自行车碰撞的影响，自行车事故的诱因相互依存关系仍然不明确。本研究提出了一种基于潜在类聚类分析的关联规则分析方法，探讨影响自行车事故发生的风险因素以及各因素之间的相互作用。首先，采用潜在类聚类分析根据事故特征将事故分为不同的组簇，各组簇之间的事故特征显著不同。其次，基于关联规则分析方法分析影响自行车事故的主要因素以及各因素之间的相互关联。研究结果表明，人口统计、建筑环境、道路网络和土地利用等因素均对自行车事故的发生可能性产生影响。然而，这些因素在不同的聚类中表现出异质效应。

【关键词】自行车安全；潜在类聚类分析；关联规则分析；事故特征；建成环境

【作者简介】

李瑞，男，硕士，武汉设计咨询集团有限公司，工程师。电子邮箱：522062389@qq.com

杜建坤，女，硕士，武汉市规划研究院（武汉市交通发展战略研究院），工程师。电子邮箱：772588733@qq.com

丁红亮，男，博士，西南交通大学智慧城市与交通学院，副教授。电子邮箱：hongliang.ding@swjtu.edu.cn

基于机器学习的地铁沿线住宅价格影响因素研究

——以厦门市地铁3号线为例

吴红玉

【摘要】地铁作为绿色、高效的交通方式，影响沿线住宅价格，已成为房地产经济与城市可持续发展研究的重点。本文基于Python获取的厦门市2024年1562条二手房价格数据，并结合2018年数据分析地铁对住宅价格的影响。采用随机森林方法识别主要影响因素，运用线性回归模型探讨地铁站点距离的作用，并对比厦门地铁3号线开通前后（2018—2024年）住宅价格变化。研究结果表明：①住宅价格主要受房产区位（岛内/岛外）、市中心距离、建筑面积、建筑年份及楼层总数影响；②地铁站点距离影响显著，0~500m内变化不明显，超过1000m后呈负向作用；③优越区位放大地铁的价格提升效应。结论包括：宏观环境决定住宅价格，地铁站点距离影响显著，建筑特征呈非线性影响。本研究为城市空间布局及相关决策提供参考。

【关键词】地铁沿线；住宅价格；机器学习；影响因素；厦门市

【作者简介】

吴红玉，女，硕士研究生，厦门大学建筑与土木工程学院。电子邮箱：2940474199@qq.com

同城化背景下宁马跨城通勤交通特征分析

祁璟初

【摘要】随着我国城市化进程的加速，都市圈跨城通勤现象日益显著，对区域交通规划和管理提出了新的挑战。本文以南京与马鞍山的跨城通勤群体为研究对象，利用手机信令数据，结合地理信息分析技术，深入探究了同城化背景下宁马跨城通勤交通特征。研究结果表明，宁马跨城通勤群体在数量上呈现出双向对等的特征，通勤热点区域包括南京市江宁区、马鞍山市花山区与博望区等，在空间上沿行政边界带状分布，主要表现为边缘到边缘的模式。本文通过分析跨城通勤的时间分布、空间分布和距离特征，揭示了宁马跨城通勤群体的出行规律，其在空间上集聚分布，呈现出远距离通勤的特征。最后提出了一系列交通改善策略，旨在为宁马同城化及南京都市圈发展提供理论参考。

【关键词】手机信令数据；同城化；跨城通勤；职住关系；出行特征

【作者简介】

祁璟初，男，硕士研究生，东南大学建筑学院。电子邮箱：220240064@seu.edu.cn

基于供需平衡的超大城市eVTOL起降场规模研究

王伟涛　赖武宁

【摘要】电动垂直起降航空器（eVTOL）是一种新型城市空中交通工具，也是发展低空经济的重要载体。eVTOL起降场是重要的低空基础设施，合理确定其等级规模有助于设施的规划和落地。本文首先以超大城市为对象，引入人口/岗位数表征起降场的设置条件，基于供需平衡方法提出适用于各类型起降场设置条件的确定方法。采用高水平收入人口占比、人均出行次数、低空飞行分担率表征eVTOL需求，采用起降位单向通行能力、飞行器载客能力表征eVTOL供给，合理确定各参数的取值，进而得到起降场设置条件的建议值。其次，将起降场功能配置划分为起降位、停机位、其他设施区三部分，测算每项基本设施所需的面积后得到各等级起降场的用地规模建议值，为低空起降设施标准化、规范化、精细化建设管理提供技术参考。

【关键词】低空经济；电动垂直起降航空器起降场；供需平衡理论；用地规模

【作者简介】

王伟涛，男，硕士，广州市交通规划研究院有限公司，广东省可持续交通工程技术研究中心，高级工程师。电子邮箱：869264696@qq.com

赖武宁，男，硕士，广州市交通规划研究院有限公司，广东省可持续交通工程技术研究中心，工程师。电子邮箱：

469079844@qq.com

基金项目：广州市交通规划研究院有限公司科技基金项目“市政基础设施用地集约节约化利用关键技术研究”（KYHT-2023-05）

武汉智能网联交通发展策略研究与应用实践

张子培　李海军　严　飞　余金林　罗天玥

【摘要】智能网联技术已成为推动交通转型发展、重塑城市交通体系的核心驱动力，武汉作为国家智能网联示范区与“双智”试点城市，积极探索“车路云一体化”发展路径。本文基于武汉实践经验，通过多维调研与问题分析，聚焦智能网联车辆端、路侧基础设施端、智慧城市治理端需求，针对当前分散建设、平台割裂与应用不足等瓶颈，提出构建城市智能网联交通发展的“1+1+1+N+N”总体框架，统筹云控平台、智能设施与多场景示范应用，并制定差异化区域实施方案，为全国智能网联交通发展提供武汉样本参考。研究强调，系统规划与协同创新是推动智能网联交通规模化应用的关键，需持续优化技术整合与场景赋能，助力城市治理能力与产业转型升级协同发展。

【关键词】智能网联；智能交通；发展策略；车路云一体化；武汉

【作者简介】

张子培，男，硕士，武汉市规划研究院（武汉市交通发展战略研究院），主任工程师，高级工程师。电子邮箱：zxiaocmlll@163.com

李海军，男，博士，武汉市规划研究院（武汉市交通发展战略研究院），副院长，正高级工程师。电子邮箱：479964095@qq.com

严飞，男，硕士，武汉市规划研究院（武汉市交通发展战略研究院），主任，高级工程师。电子邮箱：niceyf@qq.com

余金林，男，硕士，武汉市规划研究院（武汉市交通发展战略研究院），工程师。电子邮箱：921458062@qq.com

罗天玥，女，硕士，武汉市规划研究院（武汉市交通发展战略研究院），助理工程师。电子邮箱：luotianyue@wpdi.cn

轨道成网背景下地面公交线网重构思考

——以广州市为例

刘晓娟　苏跃江　谭云龙　刘晓杰

【摘要】 为适应轨道交通成网运营下地面公交功能定位转变要求，应对当前地面公交面临的可持续发展难题，实现轨道交通与常规公交的协同发展，提升城市公共交通整体效率，本研究以广州市为例，探索轨道成网背景下的公交线网重构思路和方法。分析当前广州地面公交面临的主要发展困境，结合未来轨道交通网络发展趋势，提出公交线网重构策略。基于广州公交模型，研究轨道成网背景下地面公交线网重构模式，即打造“骨干＋接驳”的“换乘型”公交网络，提出基于客流需求分层级“逐条布线、优化成网”的公交线网重构规划方法，为超大城市公共交通协同发展提供了可复制技术路径。

【关键词】 两网融合；线网重构；骨干线；接驳线

【作者简介】

刘晓娟，女，硕士，广州市交通运输研究院有限公司，高级工程师。电子邮箱：952964236@qq.com

苏跃江，男，博士，广州市交通运输研究院有限公司，副院长，教授级高级工程师。电子邮箱：250234329@qq.com

谭云龙，男，博士，广州市交通运输研究院有限公司，公共交通所所长，高级工程师。电子邮箱：89355295@qq.com

刘晓杰，男，硕士，广州市交通运输研究院有限公司，工程师。电子邮箱：2320144655@qq.com

适老化交通问题与规划设计研究

——北京案例及其启示

何 青 盖春英 郑 猛 魏 贺

【摘要】适老化交通需突破“无障碍/儿童友好替代论”误区，进行精细化规划与设计。本文系统探究老年人、老龄化、适老化交通的内涵，分析老年人出行特征及其形成机理，构建出适老化交通的认知框架；剖析北京市老年不友好的交通问题，结合五个典型案例的实证分析，揭示适老化交通系统的关键要素。结合分析结果与规划实践，建议从“老年标准”十五分钟生活圈规划、交通服务优化和倡导“舒适过街行动”切入，提出城市交通适老化规划与设计的精细化措施。研究为老龄化社会的城市交通应对提供理论支撑与实践指导。

【关键词】交通规划；适老化；出行特征；十五分钟生活圈

【作者简介】

何青，女，博士，北京市城市规划设计研究院，高级工程师。电子邮箱：qinghe1011@163.com

盖春英，女，博士，北京市城市规划设计研究院，交通规划所副所长，教授级高级工程师。电子邮箱：gaichunying@126.com

郑猛，男，学士，北京市城市规划设计研究院，交通规划所所长，教授级高级工程师。电子邮箱：sd_zhengmeng@163.com

魏贺，男，硕士，北京市城市规划设计研究院，交通规划所主任工程师，高级工程师。电子邮箱：Clanbaby@163.com

基于短时客流预测的模块化公交发车策略研究

肖子轩　陈学武　王鹏飞

【摘要】模块化公交旨在解决传统公交因乘客需求波动导致的容量匹配问题。然而，现有的模块化公交调度研究多利用历史数据制定发车策略，难以及时响应实时需求，影响精准性与灵活性。本文提出基于短时客流预测的优化方法，采用卷积神经网络和长短期记忆网络组合预测模型（CNN-LSTM）进行短时客流预测，以获取更符合实际的站点客流数据，并利用遗传算法求解非线性整数规划模型，优化发车时刻与容量。以南京567路公交为案例，比较传统固定时刻表公交调度、基于历史数据的模块化公交调度和基于短时预测数据的模块化公交调度三种方案。实验表明，模块化公交可降低发车频次和运营成本，提高发车效率；结合短时客流预测后，进一步减少乘客候车时间，优化运力匹配，提升运营效率与乘客体验。研究验证了精准需求预测在公交调度优化中的有效性，并为未来精细化调度提供理论支持与实践参考。

【关键词】短时客流预测；模块公交；车辆编组；公交车辆调度

【作者简介】

肖子轩，女，硕士研究生，东南大学。电子邮箱：2010721989@qq.com

陈学武，女，博士，东南大学，教授。电子邮箱：chenxuewu@seu.edu.cn

王鹏飞，男，博士，东南大学，讲师。电子邮箱：101013095@seu.edu.cn

基于“站到门”的枢纽城市高铁快运基地功能布局研究

——以西安东高铁物流基地为例

申 博 宿万祥 冯若潇 石敏涵

【摘要】高铁快运作为货物运输的新业态、新模式，近年来在国家相关规划的支持引导下正快速发展，已经成为快运市场的重要组成部分。当前依托高铁车站的作业模式下，还存在二次转运、机械化作业不足等诸多不便，新建高铁快运基地已成为行业共识。本文针对高铁快运面临的问题和形势变化，基于高铁快运各参与方的实际需求，分析了“站到门”理念下的高铁快运基地功能局部模式，并结合西安东高铁快运基地进行了案例分析。

【关键词】枢纽城市；高铁快运基地；功能布局；西安东高铁物流基地

【作者简介】

申博，南，硕士，中铁二院工程集团有限责任公司，交通与物流所副所长，高级工程师。电子邮箱：49768776@qq.com

宿万祥，男，硕士，中国铁路西安局集团有限公司，计统部科长，高级工程师。电子邮箱：suwanxiang3608@xian.cr

冯若潇，男，硕士，中铁二院工程集团有限责任公司，工程师。电子邮箱：1500663247@qq.com

石敏涵，女，硕士，中铁二院工程集团有限责任公司，工程师。电子邮箱：1506326455@qq.com

基于关联规则挖掘的摩托车用户出行特征与群体画像研究

殷 韫 赵鑫玮 刘鸿儒 王 森 凌伯天

【摘要】 自2017年西安市解禁摩托车以来，摩托车保有量总体处于快速增长阶段，近4年保持每年10万辆以上的绝对增幅。摩托车重新回归市民生活后，不仅提供了更多的出行选择，方便市民的上班通勤，同时摩旅骑行等活动也丰富了市民的休闲娱乐生活。本文结合摩托车用户问卷数据、摩托车行驶GPS轨迹数据和重点交叉口流量调查数据等多源数据，统计分析摩托车用户群体画像和出行时空特征，明确摩托车在城市交通系统中的功能定位。以摩托车用户的不同出行目的为划分依据，采用关联规则挖掘算法深入剖析摩托车用户的群体画像和出行目的之间的关联关系，且首次将关联规则挖掘算法应用于摩托车用户出行的研究中，对不同出行目的的摩托车用户群体画像进行还原，为挖掘摩托车用户群体的出行特征提供了新的技术方法。

【关键词】 摩托车用户；群体画像；出行特征；功能定位；关联规则挖掘

【作者简介】

殷韫，女，硕士，中国城市规划设计研究院，高级工程师。电子邮箱：1351859882@qq.com

赵鑫玮，女，硕士，中国城市规划设计研究院，工程师。电子邮箱：591366791@qq.com

刘鸿儒，男，硕士，中国城市规划设计研究院，助理工程

师。电子邮箱：lhr13483469873@163.com

王森，男，硕士，中国城市规划设计研究院，工程师。电子邮箱：1686578651@qq.com

凌伯天，男，学士，中国城市规划设计研究院，助理工程师。电子邮箱：2957737526@qq.com

基于设备能耗数据的港口碳排放测算及评估

尉建南　肖　颖　何枫鸣　郑刘杰　万　涛　赵树明

【摘要】为应对全球气候变暖趋势，国家提出碳达峰、碳中和目标，并积极稳妥推进“双碳”工作。据世界资源研究所（WRI）数据，交通运输每年产生的碳排放量占全球碳排量的10%以上。海运作为最重要的运输方式之一，其每年产生的碳排放量超10亿t，其中港口碳排放量占整个海上运输碳排放量的比例超过15%，港口减碳需求迫切。本研究从港口运行过程的视角，提出一种有别于宏观视角测算港口总体碳排的“自下而上”的方法，基于港口不同运行环节分别计算碳排放量，并以天津港为例，对港口碳排放总量与结构进行测算。研究表明，基于港口运行统计数据“自下而上”计算碳排放量具有有效性，港口碳排中占比最高的是船舶停泊环节，占港口总碳排放量的36.47%。通过优化船舶路径、减少停泊时长，停泊中采用岸电等途径可大幅度降低港口运行过程中的碳排放量。

【关键词】港口碳排放；港口运行过程；港口船舶停泊；天津港

【作者简介】

尉建南，女，硕士，中国，天津市城市规划设计研究总院有限公司，工程师。电子邮箱：13102176550@163.com

肖颖，女，学士，天津丞明咨询有限公司，高级工程师。电子邮箱：1090421152@qq.com

何枫鸣，男，硕士，天津市城市规划设计研究总院有限公司，高级工程师。电子邮箱：wdhfm303@126.com

郑刘杰，男，硕士，天津市城市规划设计研究总院有限公司，工程师。电子邮箱：1710006975@qq.com

万涛，男，硕士，天津市城市规划设计研究总院有限公司，高级工程师。电子邮箱：1169468702@qq.com

赵树明，男，硕士，天津市城市规划设计研究总院有限公司副总工程师。电子邮箱：zsm351@126.com

北京市城市轨道交通一体化评估及思考

史芮嘉　杨志刚　茹祥辉　姚智胜　兰亚京

【摘要】历经近60年发展，北京城市轨道交通已成为保障居民出行、支撑空间结构、促进功能疏解的主要手段。近些年北京市发布多个轨道交通一体化文件，促进轨道交通一体化发展。本文从轨道交通线网与城市、线路与廊道、车站与用地三个层面评估北京轨道交通一体化发展的成就与问题，挖掘原因并研究提出一体化发展建议。在轨道交通线网与城市层面，从轨道交通对四个中心支撑、轨道交通与城市空间分圈层耦合性、轨道交通对就业中心的支撑效果三个方面进行评估；在轨道交通线路与廊道层面，重点关注轨道交通线路与廊道用地功能布局的匹配性；在轨道交通车站与周边用地层面，评估轨道交通站点周边开发强度、空间形态、实施率及一体化结合程度。最后，从轨道交通保障首都功能、轨道交通与城市空间协同模式、轨道交通周边空间要素配置、一体化评估机制等方面提出规划发展建议。

【关键词】城市轨道交通；轨道交通一体化；轨道交通与城市；轨道交通与用地；实施评估

【作者简介】

史芮嘉，女，博士，北京市城市规划设计研究院，正高级工程师。电子邮箱：shi_ruijia@126.com

杨志刚，男，硕士，北京市城市规划设计研究院，副所长，正高级工程师。电子邮箱：17615069@qq.com

茹祥辉，男，硕士，北京市城市规划设计研究院，正高级工

程师。电子邮箱：xianghuiru@soho.com

姚智胜，男，博士，北京市城市规划设计研究院，正高级工程师。电子邮箱：yzhisheng@163.com

兰亚京，男，硕士，北京市城市规划设计研究院，高级工程师。电子邮箱：526875458@qq.com

超大城市背景下成都市综合交通体系构建研究

向　蕾　谭　月　温　馨

【摘要】随着城市规模的不断扩张以及人口的持续集聚，成都市将迈入超大城市发展阶段。超大城市的空间层次更多元、出行需求更复杂，也面临客流冲击大、通勤效率低、“城市病”突出等显著挑战。本文从超大城市的空间格局特征和出行需求特征出发，围绕都市圈、市域、城区三个尺度，提出超大城市背景下的成都市综合交通体系构建路径，对于其他超大城市的综合交通系统构建具有一定借鉴意义。

【关键词】超大城市；综合交通；体系构建；需求特征

【作者简介】

向蕾，女，硕士，成都市规划设计研究院，工程师。电子邮箱：635926192@qq.com

谭月，男，硕士，成都市规划设计研究院，高级工程师。电子邮箱：546304836@qq.com

温馨，女，硕士，成都市规划设计研究院，工程师。电子邮箱：862369881@qq.com

以多式联运为目标的矿建材料供给设施优化布局分析

——以北京市为例

韩　媛　朱梦晨　何巍楠　程　颖

【摘要】本文以北京市矿建材料多式联运供给设施布局优化为研究目标，针对当前铁路与公路运输资源匹配不足、综合成本高等问题，创新性地融合车辆定位数据、城市 POI 数据、铁路运输数据等多源信息，构建矿建材料供需匹配分析模型，并基于分析结果提出设施布局优化方案。研究通过数据清洗、运输链解析及企业调研，量化分析了北京市砂石骨料运输需求与铁路货场供给能力的空间适配性，发现铁路货场在 3km 范围内供大于需，而 10km 以上范围供小于需。进一步提出优化铁路货场服务半径、优化设施布局等建议，为降低物流成本、推动多式联运发展提供数据支撑。本文亮点在于首次结合货车定位数据与多维统计数据的融合分析方法，识别矿建材料运输链及面向多式联运下的卡点，并针对大宗物资提出供给设施优化布局策略，弥补了既有研究在特定货类供需匹配领域的不足。

【关键词】多式联运；物资供需匹配；物流降本增效

【作者简介】

韩媛，女，硕士，中国，北京交通发展研究院，工程师。电子邮箱：1026372431@qq.com

朱梦晨，女，硕士，北京交通发展研究院，助理工程师。电

子邮箱：z15850686285@163.com

何巍楠，男，硕士，北京交通发展研究院，教授级高级工程师。电子邮箱：heweinan@bjtrc.org.cn

程颖，女，博士，北京交通发展研究院，教授级高级工程师。电子邮箱：155219550@qq.com

超大城市低空交通体系构建与服务管理能力建设的上海方案

陈俊彦

【摘要】作为超大城市低空交通发展的先行者，上海以工业级无人机和eVTOL为核心，围绕物流配送、城市管理等场景需求，探索构建全域覆盖、分层分级的低空交通体系与服务管理能力。本文提出“三先三后”分阶段实施策略，设计“四网协同”基础设施体系，建立全生命周期安全管控和“1234”低空飞行服务管理能力体系。下一步通过金山区物流走廊、杨浦区商圈配送、临港新片区融合飞行等试点场景验证方案可行性，为超大城市破解空域管理、运营服务难题提供“上海方案”。

【关键词】低空交通体系；服务管理能力；超大城市；长三角一体化；四网协同；先行示范

【作者简介】

陈俊彦，男，硕士，上海市城乡建设和交通发展研究院，高级工程师。电子邮箱：vangreen@163.com

考虑自动驾驶汽车应用的城市停车设施利用仿真分析

赵鑫玮　殷　韫　李　敢　刘　冉

【摘要】自动驾驶汽车的自动行驶、自动泊车等功能，改变了人们的出行方式及停车选择行为，停车需求空间分布可能发生较大变化。本文基于不同规模的私有自动驾驶汽车应用情景，应用MATSim仿真工具，通过构建“自动驾驶汽车停车行为—设施供需—空间效应”仿真链，模拟停车需求变化，分析评价停车设施使用效率。总体上，停车场停放饱和度、小时周转率、小时平均停车时间减少，小时利用率、停车高峰时长增加，有利于缓解停车压力，特别是高峰时段的停车压力，同时提高停车设施利用效率。本研究预判自动驾驶汽车应用给停车带来的影响，对未来停车政策制定、停车规划布局调整、城市停车空间结构优化等方面具有探索意义和参考价值。

【关键词】自动驾驶汽车；城市停车需求；出行方式选择；停车设施利用；MATSim交通仿真

【作者简介】

赵鑫玮，女，硕士，中国城市规划设计研究院，工程师。电子邮箱：591366791@qq.com

殷韫，女，硕士，中国城市规划设计研究院，高级工程师。电子邮箱：1351859882@qq.com

李敢，男，硕士，中国城市规划设计研究院，工程师。电子邮箱：516599805@qq.com

刘冉，女，硕士，中国城市规划设计研究院，助理工程师。
电子邮箱：563491053@qq.com

02 综合交通与规划转型

基于空间协同的线性工程规划探索

——以渝宜高铁为例

陈　聪　王澜凯　张型为

【摘要】铁路专项规划由专业部门编制，难以统筹规划空间，特别是铁路等长大线性工程进入城市时，与城市规划难以融合，存在重大矛盾。为统筹长大线性工程与国土空间规划，在新时代国土空间全要素管控的背景下，统筹综合交通规划的空间布局，协同交通专项规划与国土空间资源要素关系，综合考虑交通需求、土地使用、资源保护等因素，本文积极探索了基于空间协同的高铁引入枢纽规划，进一步明确长大铁路线性工程在空间上的落位，落实国土空间规划的“多规合一”，强化空间的“唯一性”。

【关键词】空间协同；引入枢纽；规划；渝宜高铁

【作者简介】

陈聪，男，硕士，重庆市交通规划研究院，高级工程师。电子邮箱：792268915@qq.com

王澜凯，男，硕士，重庆市交通规划研究院，高级工程师。电子邮箱：478827531@qq.com

张型为，男，学士，重庆市交通规划研究院，高级工程师。电子邮箱：742803067@qq.com

“产—城—人”融合视角下的通勤出行特征分析
——以厦门市新城片区产业单元为例

陈人杰　文谕任　程国辉　陈彩燕

【摘要】加快产城融合是厦门市推进“岛内大提升，岛外大发展”战略的重要抓手，通过多源交通大数据分析技术可以及时跟踪新城产业单元的通勤人群出行特征，帮助城市规划者从人的活动的视角理解“产—城—人”的空间组织关系，以便于赋能国土空间规划决策、实现规划精细化治理。本文通过选取厦门市若干新城产业单元，基于手机信令数据、土地利用数据、高德地图 OD 溯源数据以及高德地图路径规划数据等多源数据对通勤人群的通勤出行行为进行识别，剖析其交通出行特征并探讨其就业地与居住空间的配置互动关系。结果表明，厦门市新城产业单元的通勤交通总体呈现“片区周边＋岛内”两个主流向，居住空间分布呈现“组团＋带状”分布，通勤距离呈现平均距离短、职住分离度低的特征；同时，基于人、产业与城市的组织关系需求建构的机制解析，提出根据产业、人群的差异化需求布置完善城市居住空间供给；引入大中运量轨道交通的同时，需在线路及网络层面关注人口岗位覆盖的动态平衡；适应产城融合地区的生活型交通需求的演化，完善高水平公共服务功能的规划引导思路。

【关键词】新城；通勤出行特征；“产—城—人”融合；空间需求偏好；厦门

【作者简介】

陈人杰，男，硕士，厦门市城市规划设计研究院有限公司，工程师。电子邮箱：47264279@qq.com

文谕任，男，硕士，厦门市城市规划设计研究院有限公司，工程师。电子邮箱：wenyuren123@163.com

程国辉，男，硕士，厦门市城市规划设计研究院有限公司，工程师。电子邮箱：1347820131@qq.com

陈彩燕，女，学士，厦门市城市规划设计研究院有限公司，工程师。电子邮箱：cai.yan.chen@163.com

从城市枢纽到枢纽城市的交通发展研究

刘　艺　孙培翔　魏艳艳

【摘要】本文旨在深入研究城市枢纽向枢纽城市的交通发展转型过程，探讨其对城市经济、社会和环境的深远影响。首先概述了枢纽发展的背景，回顾了枢纽与周边地区的发展历程，通过对枢纽区域的演变历程进行梳理，探讨了荷兰阿姆斯特丹史基浦机场和韩国首尔仁川国际机场的枢纽建设经验，揭示了交通基础设施建设与城市空间结构演变之间的相互作用。进一步从枢纽城市的概念和特征出发，探讨了如何通过强化区域交通链接、引领对外交通廊道，结合新型交通模式、智慧城市级MAAS出行服务体系、慢行交通网络体系、舒适高效的公共交通系统，实现站城交通的深度融合。此外，本文还探讨了如何深度对接枢纽货运体系，构建空铁海陆一体的货运体系，完善枢纽城市末端智慧物流配套。最后，总结了枢纽城市交通发展的关键要素和成功经验，提出了未来枢纽城市交通发展的策略和建议，为其他城市的交通规划和建设提供了参考和借鉴。

【关键词】城市枢纽；交通发展；枢纽城市；智慧交通；物流体系

【作者简介】

刘艺，男，博士，上海市政工程设计研究总院（集团）有限公司，总院专业总工程师，教授级高级工程师。电子邮箱：liuyi@smedi.com

孙培翔，男，硕士，上海市政工程设计研究总院（集团）有

限公司，工程师。电子邮箱：sunpeixiang@smedi.com

魏艳艳，女，硕士，上海市政工程设计研究总院（集团）有限公司，高级工程师。电子邮箱：weiyanyan@smedi.com

基金项目：上海市交通委员会2024年度科研项目“超大型综合交通枢纽智慧交通建设体系架构研究”（JT2024–KY–017）

达州市货运交通发展策略研究

李　丹　胡　林

【摘要】随着成渝地区双城经济圈建设的深入推进，达州市作为川渝陕接合部区域中心城市，其货运交通发展面临着新的机遇与挑战。本文以达州市货运交通为研究对象，首先分析了达州市货运交通发展现状，指出其在基础设施、信息化水平、绿色发展等方面的问题。其次，结合达州市经济社会发展趋势和区域发展战略，分析了未来货运交通发展趋势。在此基础上，提出了达州市货运交通发展策略，包括优化货运交通基础设施，推进货运信息化建设，加强货运组织和管理，促进货运交通绿色发展。本文的研究成果对于促进达州市货运交通高质量发展、提升区域物流效率、推动经济社会可持续发展具有重要的现实意义。

【关键词】达州市；货运交通；发展策略；多式联运；绿色发展

【作者简介】

李丹，女，硕士，中国城市规划设计研究院西部分院，高级工程师。电子邮箱：695861768@qq.com

胡林，男，硕士，中国城市规划设计研究院西部分院，高级工程师。电子邮箱：497579184@qq.com

天津市外围典型居住组团通勤效率提升对策

张凤霖　刘大维　曹　钰

【**摘要**】特大城市外围地区与主城区联系紧密，通勤出行潮汐特征显著。本文以天津市外围居住组团东丽湖为研究对象，基于居民出行调查数据、手机信令数据及货运GPS调查数据等多源数据深入识别该地区人口构成、职住分布、货运交通及其与居民通勤出行间的内在关联，剖析通勤出行高度集聚引发拥堵问题成因，提出了“交通组织提效、畅通瓶颈节点、优化资源配置”三方面改善举措，为特大城市外围地区通勤效率提升提供实践经验。

【**关键词**】特大城市外围组团；通勤出行；交通拥堵；精细化治理

【**作者简介**】

张凤霖，男，硕士，天津市城市规划设计研究总院有限公司，高级工程师。电子邮箱：393961212@qq.com

刘大维，男，硕士，天津市城市规划设计研究总院有限公司，高级工程师。电子邮箱：ssdave@163.com

曹钰，女，硕士，天津市城市规划设计研究总院有限公司，工程师。电子邮箱：cy20170@163.com

国际海空联运经验对我国沿海地区临空经济的发展启示

张琳琳

【摘要】国际海空联运由于其整合海运的经济性和空运的时效性，已成为支撑全球贸易的重要多式联运方式。本文以迪拜、仁川和迈阿密三大国际枢纽为例，分析其成功经验：迪拜依托双港联动与自由贸易区，打造洲际物流走廊；仁川通过海空联运与电子商务集群建设，巩固东北亚贸易门户地位；迈阿密则凭借区位优势成为美洲与全球市场的关键中转枢纽。基于此，本文提出对中国沿海地区发展临空经济的启示：一是发挥地缘优势，建设“海空中转＋自贸区”复合枢纽，提升国际中转能力；二是发展跨境电商产业集群，构建“枢纽仓＋海外仓＋前置仓”体系，推动制造业数字化升级；三是优化通关效率与营商环境，依托自贸区政策深化制度创新。研究为中国沿海地区通过多式联运与临空经济协同发展，融入全球供应链提供了实践路径。

【关键词】海空联运；临空经济

【作者简介】

张琳琳，女，硕士，中国航空规划设计研究总院有限公司，正高级工程师。电子邮箱：zhanglin0710@163.com

达州东出北上国际陆港枢纽建设路径研究

李　丹　汪　鑫　王玉琢

【摘要】建设东出北上国际陆港枢纽是现阶段四川省赋予达州的重要使命任务。达州地处川渝陕接合部，是成渝地区双城经济圈北翼重要节点城市，具有建设东出北上国际陆港枢纽的独特区位优势。本文首先分析了达州建设国际陆港枢纽的禀赋条件，包括枢纽条件、通道条件、产业支撑以及平台条件。然后，指出了达州国际陆港枢纽建设的现实差距，主要体现在通道“通而不畅”、枢纽能级有待提升、港产“联动不足”等方面。在此基础上，重点探讨了达州国际陆港枢纽建设的实施路径，包括畅通物流通道、提升陆港枢纽能级、促进港产融合创新、打造专业开放平台和加强区域合作，提出达州应以“港”为引擎、以“产”为支撑、以“城”为依托，加快建设东出北上国际陆港枢纽，为成渝地区双城经济圈建设和西部地区对外开放作出更大贡献。

【关键词】达州；陆港；东出北上；建设路径

【作者简介】

李丹，女，硕士，中国城市规划设计研究院西部分院，高级工程师。电子邮箱：695861768@qq.com

汪鑫，男，硕士，中国城市规划设计研究院西部分院，高级工程师。电子邮箱：864269779@qq.com

王玉琢，女，硕士，中国城市规划设计研究院西部分院，高级工程师。电子邮箱：1020942083@qq.com

重庆主城都市区交通一体化发展思考

周溪溪

【摘要】都市圈逐渐成为我国经济社会发展新空间。本文以重庆主城都市区为例，为促进主城都市区一体化发展，规划多层次轨道交通网、骨架路网和交通枢纽体系。同时综合考虑目前主城都市区发展阶段及经济发展形势，从节省建设投资、节约国土空间资源、放大既有设施效用等出发，提出分圈层发展轨道交通、优化整合通道资源和充分利用既有设施等发展策略，以期为重庆主城都市区交通一体化发展决策及其他都市圈的规划建设提供参考。

【关键词】重庆主城都市区；交通一体化；多层次轨道交通；骨架路网；交通枢纽体系

【作者简介】

周溪溪，女，硕士，重庆市交通规划研究院，正高级工程师。电子邮箱：2874006092@qq.com

广州高铁物流发展研究

王宇轩　马美娜

【摘要】随着电子商务和全球贸易的快速发展，物流行业对高效、快速运输的需求日益增加。高铁物流作为一种新兴的运输方式，凭借其速度快、准点率高、运力大等优势，逐渐成为现代物流体系中的重要组成部分。本文以广州市为研究对象，探讨高铁物流在该地区的发展现状、机遇与挑战。首先，分析了广州市作为国家中心城市和交通枢纽的区位优势，及其在物流行业中的重要地位。其次，结合广州市高铁网络的发展现状，探讨了高铁物流在提升物流效率、降低运输成本、促进区域经济一体化等方面的潜力。同时，指出了广州市发展高铁物流面临的挑战，如基础设施的完善、政策支持、多式联运的协调等问题。最后，提出了推动广州市高铁物流发展的对策建议，包括加强基础设施建设、优化物流网络布局、推动政策创新等。本文的研究旨在为广州市高铁物流的进一步发展提供理论支持和实践参考。

【关键词】高铁物流；高铁快运；物流基地；多式联运；快递企业

【作者简介】

王宇轩，女，硕士，广州市交通规划研究院有限公司，广东省可持续交通工程技术研究中心，工程师。电子邮箱：245231213@qq.com

马美娜，女，硕士，广州市交通规划研究院有限公司，广东省可持续交通工程技术研究中心，工程师。电子邮箱：

1913361910@qq.com

基金项目：广州市交通规划研究院有限公司科技基金项目“综合交通枢纽高效便捷换乘技术”（KYHT-2023-04）

交通规划技术标准体系的思考

——以武汉为例

黄广宇

【摘要】根据中共中央、国家部委、省市相关工作要求，为了科学促进和引导武汉各层次国土空间规划工作的有序开展，十分有必要对武汉市交通规划技术标准体系的建立及健全进行探索和研究。本文在全面理解、分析相关工作背景及上位工作要求的基础上，科学拟定了工作目标和思路，充分剖析了武汉现行交通规划技术标准现状及存在的主要问题，借鉴一线城市工作经验，基于提出的武汉市国土空间规划和交通规划体系优化建议，研究制定了不同逻辑主线的武汉市交通规划技术标准体系，综合优缺点对比分析，给出了武汉市交通规划技术标准体系的推荐方案、优化建议和实施步骤等，为武汉市国土空间规划技术标准体系的建立奠定坚实的基础。

【关键词】国土空间；交通规划；技术标准

【作者简介】

黄广宇，男，学士，武汉市规划研究院（武汉市交通发展战略研究院），主任工程师，高级工程师。电子邮箱：26422522@qq.com

广州建设国际双链中心的交通规划优化研究

于　昭　陈海伟　幸晓辉

【摘要】交通物流连接产业链、供应链，是实现要素资源畅捷流转的纽带，是保障产业链供应链稳定、实现产业链供应链现代化升级的重要基础。目前，交通设施规划如何支撑产业链供应链发展尚缺乏相关研究指导，本文在系统分析广州市产业链、供应链发展现状、存在问题以及对交通的需求的基础上，从“以港筑链、设施联通、企业联盟、信息互通、政策引领”五方面提出交通规划优化提升建议，为推动货运物流提质降本增效、提升产业链供应链现代化水平、支撑广州建设国际产业链供应链中心提供借鉴思路。

【关键词】产业链；供应链；交通规划；多式联运

【作者简介】

于昭，女，硕士，广州市交通规划研究院有限公司，广东省可持续交通工程技术研究中心，工程师。电子邮箱：1092415926@qq.com

陈海伟，男，博士，广州市交通规划研究院有限公司，广东省可持续交通工程技术研究中心，高级工程师。电子邮箱：302705147@qq.com

幸晓辉，男，硕士，广州市交通规划研究院有限公司，广东省可持续交通工程技术研究中心，高级工程师。电子邮箱：153228116@qq.com

基金项目：道路交通安全管控技术国家工程研究中心开放课题“基于大数据的货运交通安全隐患点识别及安全设施设计方法研究”（2024GCZXKFKT20A）；广东省住房和城乡建设厅研究开发项目“粤港澳大湾区城市道路网络韧性安全效能测评、态势演化和防控策略研究”（2024-K23-094406）

武汉都市圈市域（郊）铁路规划研究

刘国强

【摘要】武汉都市圈市域（郊）铁路规划统筹市域（郊）铁路与国家干线铁路、城际铁路、城市轨道交通的职能分工和网络布局，以“四网融合”的多层次轨道交通系统构建都市圈1小时交通圈，加快推动以武鄂黄黄为核心的武汉都市圈一体化发展。本文通过对武汉都市圈市域（郊）铁路规划与城市空间布局的适应性、与功能定位和发展目标的适应性、与出行需求和用地开发的适应性以及与构建“四网融合”多层次一体化轨道交通系统的适应性分析，提出保障“环+放射”市域（郊）铁路网络的稳定性引导都市圈发展、明确与城市轨道的职能分工优化市域（郊）铁路“东半环线”线路走向、合理利用既有铁路资源保障开行市域（郊）铁路的可行性、以提供一体化的轨道交通出行服务为目标统筹“四网融合”实现“一票同城”等相关建议，促进都市圈市域（郊）铁路可持续发展。

【关键词】武汉都市圈；市域（郊）铁路；多层次轨道交通系统；“四网融合”

【作者简介】

刘国强，男，硕士，武汉市规划研究院（武汉市交通发展战略研究院），正高职高级工程师。电子邮箱：462941535@qq.com

新时期广州市综合交通规划转型探索与实践

杨锐烁　张海霞

【摘要】本文总结广州市过去两轮综合交通规划对城市总体规划的支撑和城市竞争力提升的促进作用，探讨新空间规划体系、交通系统内部协同新要求、资源环境等发展条件转变对综合交通的新要求。为支撑新一轮广州市国土空间总体规划编制，广州同步编制综合交通规划，提出新时期综合交通规划以支撑城市功能为目标、以优化空间资源配置为抓手、以数智化赋能为手段的规划框架。在此基础上，提出推动交通枢纽向供应链组织中心转变、构建多层立体交通网络、完善交通模式顶层设计、完善大数据下的交通决策平台四大规划任务，统筹指导全市各类交通基础设施建设。

【关键词】综合交通；国土空间规划体系；转型

【作者简介】

杨锐烁，男，硕士，广州市交通规划研究院有限公司，广东省可持续交通工程技术研究中心，工程师。电子邮箱：931949111@qq.com

张海霞，女，硕士，广州市交通规划研究院有限公司，广东省可持续交通工程技术研究中心，副所长，高级工程师。电子邮箱：57286218@qq.com

基金项目：广州市交通规划研究院有限公司科技基金项目“城市交通与国土空间利用互动评价技术研究”（KYHT-2024-02）

考虑竞争效应的港区交通、物流与产业协同发展研究

李毅军　周　涛

【摘要】交通物流与产业协同发展是地区经济增长的重要动力和城市快速发展的重要引擎，对构建新发展格局有着重要意义。本研究立足重庆长江上游航运中心定位，分析交通和产业的本底发展情况，通过运用货车GPS大数据和规则判别法，识别现状货车出行起讫点和分布特征，再根据规划铁路和公路矢量数据提出核心港区和重点港区的交通可达性；在此基础上综合考虑市域内外相邻港口间的相互竞争效应，分析各个港区的竞争性腹地格局；最后以果园港和珞璜港为例，提出港区交通物流与产业协同发展思路和实施路径。研究可为其他港区发展提供理论支撑与实践参考。

【关键词】竞争效应；港区产业；腹地分析；交通可达性；货车GPS

【作者简介】

李毅军，男，硕士，重庆市交通规划研究院，工程师。电子邮箱：1030599259@qq.com

周涛，男，本科，重庆市测绘科学技术研究院，党委书记，正高级工程师。电子邮箱：taozhoucq@qq.com

基金项目：重庆市科技局科研机构绩效激励引导专项项目“基于山地城市典型交通场景的碳污协同精细化排放因子研究”（CSTB2023JXJL-YFX0037）

新时期区域通勤的概念内涵、技术方法与特征辨识

——以上海及周边城市为例

邹　伟　王　波

【摘要】国内外跨区域通勤现象早已显现，并呈现向心大规模通勤现象，我国也陆续出台政策文件推进“1小时通勤圈协同发展”要求。本研究梳理、分析了国内外通勤研究相关理论与模型进展、跨区域交通出行发展趋势，在中国式现代化语境、新发展阶段和新技术支撑视角下认识、理解新时期区域通勤的概念内涵；结合大数据基础，提出区域通勤的识别技术方法，以上海及周边城市为例，依据城市、区县、跨城等多维尺度的跨城通勤特征，进一步辨识和实证不同尺度下的区域通勤概念与方法成果。

【关键词】区域通勤；功能结构；大数据；国际经验；上海及周边城市

【作者简介】

邹伟，男，硕士，上海市城市规划设计研究院，高级工程师。电子邮箱：zouwei@supdri.com

王波，男，硕士，上海市城市规划设计研究院，高级工程师。电子邮箱：wb@supdri.com

多中心城市交通与空间协同发展评估及思考

——以重庆中心城区为例

吴翱翔　邓腾云

【摘要】城市交通与空间协同是实现城市可持续发展的重要路径，多中心城市空间对于交通系统往往具有更高的要求。重庆中心城区是典型的多中心城市，本文基于中心城区城市空间结构，对主要交通分界线进行了识别，系统总结了过去十年来中心城区城市交通与空间协同情况，利用大数据分别从总体层面空间协同和组团层面用地协同等方面进行评估，对存在的问题及原因进行了分析；并以中心城区北部组团为例，对交通与人口分布和用地发展的协同关系进行了深入分析；最后结合新时期城市交通发展的新要求，对未来城市交通与空间协同发展路径提出建议。

【关键词】中心城区；交通与空间；协同发展；规划评估

【作者简介】

吴翱翔，男，硕士，重庆市交通规划研究院，高级工程师。电子邮箱：1031669170@qq.com

邓腾云，男，硕士，重庆市规划设计研究院，高级工程师。电子邮箱：461466381@qq.com

交通基础设施建设赋能城乡融合的时空门槛效应

沈明辉

【摘要】本文基于2001—2020年中国省级面板数据，构建动态面板模型和空间计量模型，系统探讨交通基础设施建设对城乡融合发展的作用机制。研究发现：①交通基础设施建设通过提升要素配置效率显著促进城乡融合，要素配置效率起到中介作用；②存在双重门槛效应，当交通基础设施水平超过0.274时，要素配置效率对城乡融合的边际贡献会明显下降；③存在空间溢出效应，表明交通网络具有跨区域辐射能力；④区域异质性突出，东部地区弹性系数较高，中部地区出现负向作用。研究创新在于：首次构建“交通基建—要素配置—城乡融合”传导模型，揭示要素配置效率的非线性调节作用；突破传统单维度分析框架；发现中部地区存在“虹吸效应”抑制现象。研究为新时代城乡融合发展提供理论支撑，建议实施区域差异化的交通投资策略、强化要素市场改革、构建跨区域交通协同机制。

【关键词】交通基础设施；城乡融合发展；要素配置效率；门槛效应；空间溢出效应

【作者简介】

沈明辉，女，博士研究生，中国人民大学公共管理学院。电子邮箱：shenminghui@ruc.edu.cn

基金项目：国家自然科学基金面上项目“建成环境、出行态度及其交互作用对大城市居民绿色出行行为的影响机理研究”（72074215）；中国人民大学公共管理学院学术型研究生科学研究基金项目“建成环境对居民低碳出行行为的非线性影响机制研究与政策建议”（2024000789）

厦漳泉都市圈城际铁路R1线功能精细化研究回顾与思考

申　博　石　铁　周天星　王致远

【摘要】城际铁路和市域（郊）铁路在服务范围、速度等级上存在部分交织和叠加，导致目前在都市圈轨道交通规划中，两者在功能定位、通道融合等方面还存在相关争论。都市圈轨道交通规划中准确把握规划线路的功能定位，是推动“四网融合”的关键。2023 年 10 月，国家发展和改革委员会批复厦漳泉都市圈城际铁路 R1 线建设规划，明确 R1 线是以服务厦漳泉都市圈城际出行为主，兼顾市域出行和机场接驳线功能的都市圈城际铁路。本文重点回顾建设规划阶段对 R1 线功能定位的研究和思考，以期为其他都市圈轨道交通规划提供参考。

【关键词】厦漳泉都市圈；城际铁路；市域（郊）铁路；R1 线；功能定位

【作者简介】

申博，男，硕士，中铁二院工程集团有限责任公司，交通与物流所副所长，高级工程师。电子邮箱：49768776@qq.com

石铁，男，博士，中铁二院工程集团有限责任公司，高级工程师。电子邮箱：tie.shi1986@gmail.com

周天星，男，硕士，中铁二院工程集团有限责任公司，规划院副院长，教授级高工。电子邮箱：87893845@qq.com

王致远，男，硕士，中铁二院工程集团有限责任公司，工程师。电子邮箱：lzyz09193@163.com

超大城市干线道路系统高质量发展规划研究

——以北京市为例

涂　强　张　林　张　喆　汪　洋　王　星　夏　贝

【摘要】现有对干线道路系统的研究少有从推动干线道路高质量实施视角的发展规划研究。为了适应超大城市与基础设施建设进入存量发展阶段且财政紧缩的大背景，响应新发展阶段的战略及政策要求，本文研究提出超大城市干线道路系统高质量发展思路及规划要点。以北京市为例，首先从规划实施及运行服务两大维度对干线道路开展评估，识别现存问题。之后，两阶段统筹研判规划高快速路最优实施项目组合及时序，并通过实施—运行二维评估，形成城市主干路实施储备清单。最后，统筹高速公路附属设施、高快速路桥下空间、能源走廊等多元要素，分区、分类综合施策，推动干线道路与城市功能融合、与能源走廊空间融合。同时总结国内外智慧公路规划建设经验，聚焦痛点与近期成效，形成“制定顶层体系—总体架构设计—试点应用建设”的完整闭环解决方案，系统提升智慧公路建设效益，实现从新建设施向智慧挖潜的转型。

【关键词】干线道路；高质量实施；发展规划；功能融合；智慧挖潜

【作者简介】

涂强，男，硕士，北京市城市规划设计研究院，工程师。电

子邮箱：tuqiang729@163.com

张林，男，学士，北京市规划和自然资源委员会，综合交通规划管理处处长，工程师。电子邮箱：13911586313@163.com

张喆，女，硕士，北京市城市规划设计研究院，高级工程师。电子邮箱：191530493@qq.com

汪洋，男，硕士，北京市城市规划设计研究院，交通规划所主任工程师，正高级工程师。电子邮箱：bicpjts@163.com

王星，男，硕士，北京市首都规划设计工程咨询开发有限公司，工程师。电子邮箱：851271764@qq.com

夏贝，女，硕士，北京艾威爱交通咨询有限公司，工程师。电子邮箱：xbkylin@163.com

考虑传递损失的城市群交通网络级联失效模型

郑山江　李鑫涛　高东梅　李成兵

【摘要】为研究突发事件下现实城市群客运网络的稳定运行，保障城市群交通运输系统的连通性和运输能力，本文提出了基于出行班次和出行距离的传递损失函数，根据超载系数、点能力动态更新和损失函数提出考虑传递损失的级联失效模型负载分配策略，并分别通过侧重于连通性和负载的攻击策略对网络的鲁棒性和运输能力进行分析。研究结果表明，适当的提升班次与距离损失参数可以减缓鲁棒性和承载能力的变化，但达到临界状态时这种变化会加剧；距离权重与班次权重存在某个特定的取值，可以使得级联失效对于网络整体鲁棒性影响最小。

【关键词】城市群；传递损失；点能力动态更新；级联失效；攻击策略

【作者简介】

郑山江，男，硕士研究生，内蒙古大学交通学院。电子邮箱：1416557483@qq.com

李鑫涛，女，硕士研究生，内蒙古大学交通学院。电子邮箱：1849668912@qq.com

高东梅，女，硕士研究生，内蒙古大学交通学院。电子邮箱：1696489115@qq.com

李成兵，男，博士，内蒙古大学交通学院，教授。电子邮箱：bingbingnihao2008@126.com

基金项目：国家自然科学基金项目“级联失效下城市群综合客运网络交通应急组织研究”（62063023）；内蒙古自治区自然科学基金项目“基于出行阻抗的城市群客运交通网络韧性恢复与优化研究”（2023MS05036）；内蒙古自治区高等学校青年科技英才支持计划项目“青年科技人才项目”（NJYT22099）

浙江省中欧班列高质量发展思路和建议

周　韬　高　奖　程亚杰　杜　璇

【摘要】中欧班列作为中国与欧洲及沿线国家之间的陆路物流大通道，对促进我国与欧洲及“一带一路”沿线国家经贸往来、保障产业链供应链安全韧性、构建国内国际双循环发展格局具有重要战略意义。浙江省在中欧班列建设方面起步早、发展快，但对比中西部先进地区，在设施能力、运行规模、运行效益等方面仍存在较大差距。未来，浙江省应充分发挥自身作为沿海开放大省的区位优势、先进制造业和小商品聚集的产业优势，积极开展跨区域合作，重点推进资源整合、运作统筹、经营创新和改革赋能等方面工作，不断促进班列向更高质量发展。

【关键词】浙江省；中欧班列；“一带一路”；高质量发展

【作者简介】

周韬，男，硕士，浙江数智交院科技股份有限公司，高级工程师。电子邮箱：726374074@qq.com

高奖，男，硕士，浙江数智交院科技股份有限公司，高级工程师。电子邮箱：30335618@qq.com

程亚杰，男，硕士，浙江数智交院科技股份有限公司，高级工程师。电子邮箱：154614740@qq.com

杜璇，女，硕士，浙江数智交院科技股份有限公司，高级工程师。电子邮箱：89123918@qq.com

浅议规划道路“一张图”构建思路及方法探讨

——以深圳市为例

王晓波　邓　琪　张正军

【摘要】规划道路作为国土空间规划重要空间要素之一，如何有效解决由不同政府部门多头编制和多头管理带来的道路合规性、准确性及法定约束性不足的问题，是实现规划道路数据在国土空间规划“一张图”中的可靠性、实时性和完整性的重要前提。本文以深圳市规划道路“一张图”为例，探讨通过制定规划道路“一张图”管理规定及数据汇交技术指引，规范全市规划道路数据管理，指导全市规划道路“一张图”建设的思路。

【关键词】国土空间；规划道路；“一张图”；深圳市

【作者简介】

王晓波，男，学士，深圳市规划国土发展研究中心，高级工程师。电子邮箱：183505668@qq.com

邓琪，男，硕士，深圳市规划国土发展研究中心，高级工程师。电子邮箱：5700274@qq.com

张正军，女，学士，深圳市规划国土发展研究中心，高级工程师。电子邮箱：402174240@qq.com

川渝协同发展视角下嘉陵江航运提升研究

邓腾云　吴翱翔　欧阳吉祥

【摘要】本研究立足成渝地区双城经济圈建设国家战略，通过航道设施评估、运输市场分析、管理体制诊断及外部环境研判等多维技术方法，系统揭示了嘉陵江、渠江、涪江航运存在的航道等级区域性失衡、航电枢纽调度割裂等结构性矛盾。通过“基础设施—运输市场—制度环境”分析框架，提出跨区域协同治理视角下的系统性解决方案。研究结合船舶大型化、多式联运网络优化及三峡水库水位调控等趋势，预测2035年三江水运量，针对性地提出航道疏浚整治、枢纽联合调度、港口功能提升三大路径和“深挖干线潜能—打造铁水枢纽—铁路适度分流”的协同发展策略，为破解长江上游“黄金水道”梗阻、构建绿色高效航运走廊提供了兼具理论创新与实践价值的跨区域协同治理范式。

【关键词】嘉陵江航运；航道能力提升；区域协同；多式联运

【作者简介】

邓腾云，男，硕士，重庆市规划设计研究院，高级工程师。电子邮箱：461466381@qq.com

吴翱翔，男，硕士，重庆市交通规划研究院，高级工程师。电子邮箱：1031669170@qq.com

欧阳吉祥，男，硕士，重庆市规划设计研究院，正高级工程师。电子邮箱：382583024@qq.com

“一张蓝图绘到底”中交通专业与其他专业的衔接

——以雄安新区容西片区为例

李志平

【摘要】“一张蓝图绘到底”是习近平总书记工作生涯中一以贯之的工作理念，也是习近平治国理政的重要思想，如何在规划工作中贯彻落实也是规划人一直在探寻的课题。本文以雄安新区容西片区从控制性详细规划到实施落地的实践为例，探索了“一张蓝图绘到底”的实践路径方法，除了贯彻落实上位规划指标要求外，更重要的是多专业之间的融合与衔接，既能保证城市的高质量建设，又无形中加快了建设进度，节约时间成本和重复工作带来的经济成本，取得了积极成果。但也存在一些需要改进的方面，期望对“一张蓝图绘到底”的落实起到积极的借鉴作用。

【关键词】“一张蓝图绘到底”；责任规划师；多专业融合衔接；全过程咨询

【作者简介】

李志平，女，硕士，天津市城市规划设计研究总院有限公司，高级工程师。电子邮箱：liz516@163.com

黄金内湾跨珠江口交通需求演变分析及规划通道建设思考

刘新杰

【摘要】为适应未来黄金内湾交通出行特征的变化，找出跨珠江口各规划通道适当的建设时机，本文采用“现状规律总结—近期形势预判—远期提出建议”的思路，首先利用多年的交通调查数据，总结出现状跨珠江口交通设施还处于供不应求状态。然后分析在建跨江通道工程，预判建成后近期供给总量大幅提升，可以满足未来5~10年的需求增长。最后，指出新建设的通道主要是补充结构性短板，建议工程设计标准不宜过高，轨道交通要充分利用互联互通，建设性价比最高的北段广州市番禺区境内跨江通道可优先开展研究。

【关键词】交通规划；黄金内湾；跨珠江口；交通需求

【作者简介】

刘新杰，女，硕士，广州市交通规划研究院有限公司，广东省可持续交通工程技术研究中心，高级工程师。电子邮箱：155095561@qq.com

基金项目：广州市交通规划研究院有限公司科技基金项目“数据驱动的时空推演城市活动模型研究”（KYHT-2023-01）

烟台市存量交通基础设施提质增效策略研究

姚伟奇　苏苑英　杨　阳　于　鹏　刘　冉

【摘要】随着城市发展进入存量更新阶段，单纯依靠新建基础设施已难以解决复杂交通问题。本文结合烟台市区域交通网络末端区位条件及超长带状组团城市空间特征，评估烟台市存量交通基础设施布局现状、运行情况，并分析存量交通设施发展存在的问题。针对区域交通设施利用率低、路网结构不完善及场站功能单一等挑战，提出充分发挥公路、铁路等存量区域交通设施富裕能力，兼顾服务城市交通出行功能，在存量交通设施空间上发展复合化交通走廊，推动存量交通场站用地多元化发展，盘活停车设施资源等策略，为烟台市交通可持续、高质量发展提供科学支撑，也为同类城市存量交通设施提质增效提供参考。

【关键词】存量交通设施；城市更新；提质增效；交通优化

【作者简介】

姚伟奇，男，硕士，中国城市规划设计研究院，高级工程师。电子邮箱：116197698@qq.com

苏苑英（通信作者），女，硕士，烟台市规划设计院（烟台市城市规划编研中心），高级工程师。电子邮箱：314465904@qq.com

杨阳，女，硕士，烟台市规划设计院（烟台市城市规划编研中心），副科长，高级工程师。电子邮箱：578850592@qq.com

于鹏，男，硕士，中国城市规划设计研究院，高级工程师。电子邮箱：345959341@gq.com

刘冉，女，硕士，中国城市规划设计研究院，助理工程师。电子邮箱：563491053@qq.com

都市圈发展中的交通模型与决策支持

——京津冀案例研究

李　媛

【摘要】本研究针对京津冀都市圈交通协同发展的需求，提出一种融合多源数据的多层次交通建模方法，并开发智能决策支持系统。研究目的为破解区域交通供需失衡、行政壁垒导致的效率低下问题。技术方法上，整合GIS空间分析、复杂网络理论与机器学习算法，构建“宏观—中观—微观”三层模型体系：宏观层采用改进重力模型量化城际交通流，中观层通过拓扑网络识别关键枢纽，微观层基于Agent仿真解析个体出行决策。创新点在于：提出时空耦合的阻抗函数，综合经济、环境等多维成本；开发动态政策仿真模块，支持多情景对比分析。结论指出，轨道交通与智慧管控的协同优化是突破区域交通瓶颈的有效路径，模型框架可为同类都市圈提供方法论参考。

【关键词】都市圈；交通模型；京津冀；决策支持系统；区域协同发展

【作者简介】

李媛，女，学士，天津市城市规划设计研究总院有限公司，规划师。电子邮箱：ly_0104@126.com

环渤海中心城市目标下烟台对外交通建设

郝　媛　曲云鹏　陈彦伟　于　杰　王雨轩

【摘要】烟台以建设“环渤海中心城市”为目标，需要有与之匹配的对外交通枢纽功能。本文以“三省两市”作为环渤海地区的研究范围，梳理了环渤海中心城市的概念演变。烟台位于胶东半岛尽端，其陆路交通的连通性受到较大制约；烟台航空对韩特色突出，但枢纽组织效率仍有待提升；烟台港在部分货类以及对韩航线具有优势，但主港区芝罘湾港区港城矛盾突出。针对烟台对外交通劣势，本文重点从完善航空、港口、陆路通道功能方面提出对策。航空方面重点补齐集疏运短板，港口方面优化港区功能，陆路通道方面建议推进跨渤海通道规划研究进展。

【关键词】烟台；环渤海中心城市；对外交通枢纽；跨渤海通道

【作者简介】

郝媛，女，博士，中国城市规划设计研究院城市交通研究分院，正高级工程师。电子邮箱：277712368@qq.com

曲云鹏（通信作者），男，学士，烟台市规划设计院（烟台市城市规划编研中心），工程师。电子邮箱：qyprc126@126.com

陈彦伟，男，硕士，烟台市规划设计院（烟台市城市规划编研中心），高级工程师。电子邮箱：394652116@qq.com

于杰，男，硕士，中规院（北京）规划设计有限公司，工程师。电子邮箱：414553959@qq.com

王雨轩，男，学士，中国城市规划设计研究院，工程师。电子邮箱：steven850443850@vip.qq.com

综合交通网络对川西景点时空压缩效应的影响研究

李 婷 靳来勇 王 莹 罗菲儿

【摘要】在交通强国战略背景下，综合交通网络的建设能够极大地压缩区域间的时空距离，提升区域交通可达性。本研究以川青、川藏铁路等重大交通基础设施投入运营为契机，聚焦川西地区175个A级以上旅游景区，研究综合交通网络对川西地区旅游景点时空压缩的作用程度和不同交通方式对可达性影响大小的相关性，系统解析综合交通网络联运机制下交通网络对景区时空压缩的差异化影响及其空间分异规律。研究结果表明：①川西地区175个A级以上景点中，60.6%（106个）受综合交通网络联运的影响，形成核心—边缘分异格局；②综合交通网络对景点时空压缩效应呈空间梯度特征；③综合交通网络中，铁路对时空压缩效应的影响强度最大，铁路线路走向及站点设置是提升可达性的核心要素。建议通过优化联运接驳系统、强化“交通+旅游”协同机制，探索欠发达地区旅游交通发展的创新路径，为类似地区提供经验参考。

【关键词】综合交通网络；交通可达性；时空压缩效应

【作者简介】

李婷，女，硕士研究生，西南民族大学。电子邮箱：304122991@qq.com

靳来勇，男，硕士，西南民族大学，副教授。电子邮箱：10663491@qq.com

王莹，女，硕士研究生，西南民族大学。电子邮箱：1294688709@qq.com

罗菲儿，女，硕士研究生，西南民族大学。电子邮箱：azulfe@foxmail.com

空铁联运规律认识与对策建议
——以广州白云机场为例

谷裔凡　张　薇　欧阳剑　景国胜　周志华

【摘要】空铁联运已成为提升国际航空枢纽能级与城市竞争力的重要抓手。本文基于空铁联运发展规律，指出其服务对象以国际航线客流为主，辅以千公里以上国内航线客流以及铁路服务公交化是实现高效联运的重要条件。通过对比国际标杆与国内案例，发现国内空铁联运客流规模不高，整体建设效果欠佳。聚焦广州白云机场，发现其空铁联运规模仅占旅客吞吐量约3%，存在机场国际化水平不高以及联运铁路枢纽布局、线路引入未对空铁联运需求给予足够重视。提出三大建议：提升广州北站为主铁路枢纽并建设空侧捷运专线，加快城际轨道交通建设以强化机场与铁路主枢纽的快速直连，拓展白云机场国际航点网络和提升国际化水平。

【关键词】空铁联运；国际航空枢纽；铁路枢纽；广州白云机场

【作者简介】

谷裔凡，男，学士，广州市交通规划研究院有限公司，广东省可持续交通工程技术研究中心，高级工程师。电子邮箱：1013822066@qq.com

张薇，女，博士，广州市交通规划研究院有限公司，广东省可持续交通工程技术研究中心，高级工程师。电子邮箱：275570550@qq.com

欧阳剑，男，硕士，广州市交通规划研究院有限公司，广东省可持续交通工程技术研究中心，高级工程师。电子邮箱：1131551023@qq.com

景国胜，男，硕士，广州市交通规划研究院有限公司，广东省可持续交通工程技术研究中心，教授级高级工程师。电子邮箱：1049319342@qq.com

周志华，男，学士，广州市规划和自然资源局综合交通规划处，教授级高级工程师。电子邮箱：382360095@qq.com

基金项目：广州市交通规划研究院有限公司科技基金项目“综合交通枢纽高效便捷换乘技术”（KYHT-2023-04）

津滨双城通勤与产业空间耦合及群体特征研究

于春青　韩　宇　郭玉彬

【摘要】研究基于百度通勤 OD 数据与高德 POI 数据，结合大语言模型构建产业分类体系，分析津滨双城（“津城”指天津市市内六区加环城四区，并去除津滨双城之间的绿色屏障区域；“滨城”指天津滨海新区去除双城绿色空间屏障的区域）通勤模式与产业布局的空间耦合及群体特征。研究结果发现，津滨通勤呈现单向主导、极端通勤占比高、通勤集中度高三个特点；津城形成“核心高价值区段服务业 + 外围制造业”梯度发展格局，滨城呈现“多组团服务业 + 制造业”融合发展布局；通勤就业流入集中区与双城高价值区段产业集中区高度耦合；不同模式的通勤群体特征差异明显，滨城到津城通勤 18 ~ 30 岁年轻人、一代户占比明显高于津城到滨城；津城到滨城通勤以 31 ~ 40 岁中年群体、有孩二代户为主，明显高于滨城到津城。研究结论指出：产业价值区段差异是通勤流向的重要驱动因素，通勤群体的年龄及家庭特征也是影响职住平衡的重要因素。

【关键词】城市交通；通勤；产业布局；POI

【作者简介】

于春青，男，硕士，天津市城市规划设计研究总院有限公司，高级工程师。电子邮箱：12780698@qq.com

韩宇，男，硕士，天津市城市规划设计研究总院有限公司，正高级工程师。电子邮箱：24886053@qq.com

郭玉彬，男，硕士，天津市城市规划设计研究总院有限公司，天津市城市规划设计研究总院有限公司，工程师。电子邮箱：994646271@qq.com

03 轨道交通与站城融合

关于珠海轨道交通TOD综合开发的发展与探索

张丽莉

【摘要】随着珠海城市的发展进程，老城区不断向西、向北拓展蔓延，组团型城市空间尺度较大，加之人口增长迅猛，逐步呈现出东西双城特征，向外型交通特征明显，珠澳通勤客流需求增大，跨组团交通压力大，中心城区交通拥堵严重、土地资源有限等一系列问题不断涌现。珠海市急需“高效、绿色、快速、便捷”的轨道交通出行方式，同时推动站城一体融合发展。结合全国各城市轨道交通TOD综合开发经验，珠海市将因地制宜研究与探索站城一体综合开发，提出适合珠海的TOD综合开发发展策略，盘活现有存量，储备规划增量，通过综合开发收益反哺轨道交通建设，实现珠海轨道交通可持续发展。

【关键词】轨道交通；TOD；综合开发；站城一体

【作者简介】

张丽莉，女，硕士，珠海市轨道交通有限公司，高级工程师。电子邮箱：274165343@qq.com

深圳市西丽枢纽站城融合一体化规划建设运营相关分析

王言中　何建平

【摘要】站城融合是新时代现代化综合交通枢纽的发展趋势，但如何在规划阶段实现枢纽与周边城市功能全面衔接，如何在建设阶段统一推动站城一体化开发，如何在实际运营当中充分发挥站城融合最大效益，在我国尚处于探索阶段。为研究上述问题，本文首先剖析综合交通枢纽一体化发展目标，并以深圳市西丽综合交通枢纽为例，解读并研究深圳市对西丽枢纽“规划一张蓝图、建设一个主体、运营一个中心、开发一个平台”要求的实施路径，最后针对西丽枢纽的运营管理模式以及具体运营要求提出科学建议，以期为综合交通枢纽站城融合一体化发展提供参考和借鉴。

【关键词】西丽枢纽；站城融合；规划建设运营；一体化

【作者简介】

王言中，女，硕士，深圳市城市交通规划设计研究中心股份有限公司，工程师。电子邮箱：wyz_wh@163.com

何建平，男，硕士，深圳市城市交通规划设计研究中心股份有限公司，高级工程师。电子邮箱：hejianping@sutpc.com

基于TOR理念的城市轨道交通站域更新策略研究

——以昆明地铁3号线为例

胡博文　唐　翀　陈　桔

【摘要】轨道交通与城市更新的结合具有重要意义。本文首先对TOR（轨道交通导向下的城市更新）理念的基本内涵做了介绍，并提出了基于TOR理念的轨道交通站域更新原则；其次，针对商业服务型和居住生活型站点，分析了其各自的主要共性特征；然后，以昆明地铁3号线为案例，从交通、功能业态和空间品质等方面分析了其现状存在的主要问题，并提出了相应的更新策略，以期为同类研究提供有益借鉴和参考。

【关键词】TOR；轨道交通站域；更新策略；昆明市

【作者简介】

胡博文，男，硕士，南京市城市与交通规划设计研究院股份有限公司，轨道与公共交通规划院规划师，助理工程师。电子邮箱：2538485156@qq.com

唐翀，男，硕士，深圳市城市交通规划设计研究中心股份有限公司，专业总工程师，教授级高工。电子邮箱：1297503239@qq.com

陈桔，女，博士，昆明理工大学建筑与城市规划学院，副教授。电子邮箱：125430842@qq.com

铁路车辆段上盖综合体开发中的交通规划设计研究

——以成都市九里堤车辆段涉铁低效用地为例

王哲源　管娜娜　李　星

【摘要】车辆段上盖综合体开发已成为城市功能空间复合化利用的重要模式，交通规划设计合理与否对于综合体项目建成后的运作成败具有关键性的意义。本文以成都市九里堤铁路车辆段上盖综合体为实例，构建复合式交通系统规划体系，得到立体、高效的车辆段上盖综合体。通过预留各类交通设施空间、设计交通子系统功能及组织方案等手段，实现上盖综合体的交通运转最优化，同时为同类型超大城市车辆段上盖综合体交通规划设计研究提供借鉴。

【关键词】车辆段；上盖综合体；交通规划设计；综合开发；站城融合

【作者简介】

王哲源，男，硕士，成都市规划设计研究院，规划师，助理工程师。电子邮箱：410209053@qq.com

管娜娜，女，硕士，成都市规划设计研究院，副主任规划师，高级工程师。电子邮箱：463594192@qq.com

李星，男，硕士，成都市规划设计研究院，副总工程师，教授级高级工程师。电子邮箱：358283537@qq.com

既有高铁车站扩能下的站城融合规划实践

——以天津南站为例

袁　扬　韩　宇

【摘要】天津南站现状服务功能不强、设施规模不足，未与南站科技商务区形成良好互动发展。本文以天津南站枢纽及周边地区城市设计规划研究为基础，重点关注交通与用地间的协调与适应关系，提出天津南站枢纽片区规划提升的三方面建议。笔者认为铁路扩能为枢纽片区互动发展带来了良好契机，规划引入的城际铁路可促进商务区主动融入城市群，腹地待开发空间可为商务区落位枢纽经济产业要素，这将引领站城空间的革新发展；交通提质为枢纽片区融入天津发展创造了有利条件，轨道线路新增接入、道路网络减量优化、场站设施紧凑布局可强化商务区与天津主要核心间的便捷交通联系；交通限定为枢纽片区高强度开发奠定了坚实基础，垂直混合利用土地、限制停车位配建供给可减少商务区交通出行需求，提升交通设施规模供给适应用地高强度开发需求的能力。

【关键词】高铁车站；扩能改造；站城融合；减量规划；垂直混合利用

【作者简介】

袁扬，男，博士，天津市城市规划设计研究总院有限公司，高级工程师。电子邮箱：442688942@qq.com

韩宇，男，硕士，天津市城市规划设计研究总院有限公司，正高级工程师。电子邮箱：24886053@qq.com

重庆中心城区轨道交通车站客流现状及提升建议

周进均　邱　彪　张菲娜

【摘要】随着重庆城市化进程加速，轨道交通在缓解交通压力、提升城市效率中的作用日益显著。为进一步提高重庆中心城区轨道交通客运量及其机动化分担率，确保轨道交通可持续发展，本文首先分析重庆中心城区轨道交通车站客流现状。其次分析了其存在的问题及成因：一是用地开发与轨道交通建设协同性不高，站点周边人口岗位不足；二是站点周边用地功能单一，混合利用不足；三是轨道交通建设运营与沿线居民出行需求存在错位。最后针对性地提出客流提升策略及建议，以期为重庆轨道交通客流提升提供参考。

【关键词】重庆；轨道交通车站；客流；提升

【作者简介】

周进均，男，硕士，重庆市交通规划研究院，正高级工程师。电子邮箱：761712375@qq.com

邱彪，男，学士，重庆市交通规划研究院，高级工程师。电子邮箱：761712375@qq.com

张菲娜，女，硕士，重庆市交通规划研究院，高级工程师。电子邮箱：24655681@qq.com

多维视角下城市轨道交通站点类型识别及特征分析

——以天津为例

庞　磊

【摘要】城市轨道交通站点的科学分类对TOD一体化建设、土地利用规划及交通系统优化具有重要指导意义。既有研究中对城市轨道交通站点以及TOD的类型学分类研究更多是基于单一维度展开，缺乏多维视角下城市轨道交通站点的综合分类对比研究。本文整合多源地理空间数据与智能交通刷卡数据，从枢纽等级、客流模式特征及站域主导功能三个维度构建轨道交通站点分类框架，系统解析不同类型站点的特征及其空间分布规律。研究发现：①天津轨道交通站点枢纽等级呈现“中心高、外围低”的分布模式，与线网放射状布局密切相关；②基于动态客流特征，站点可划分为居住主导型、就业主导型等六类，其时空分布与城市功能分区高度耦合；③站域主导功能可分为中心商务型、居住生活型等四类，功能辐射范围差异显著。本研究提出的多维分类方法可为城市轨道交通站点TOD开发、差异化规划及线网优化提供理论依据，并为其他城市站点分类研究与实践提供参考。

【关键词】城市轨道交通；站点类型；TOD；空间分布；天津市

【作者简介】

庞磊，男，博士，济南大学，讲师。电子邮箱：375441848@

qq.com

基金项目：济南大学 2025 年度新引进人才科研项目（自然科学类）“基于大数据融合的建成环境对城市轨道交通客流的影响机制与规划响应研究”（XJ2025000302）

高密度轨道交通网络地区站点能级评估与关联特征研究

——以上海市为例

冯诗琦　朱彦东

【摘要】受多个轨道交通站点叠加影响的地段是城市要素资源和经济社会活动高度集聚的区域，需要利用网络分析方法对高密度轨道交通网络地区站点进行关联特征研究。本文以高密度轨道交通网络地区关联站点为研究对象，选择上海市为例，建立上海市轨道交通网络模型，进行核密度分析，得到上海市站点片区关联特征的可视化栅格结果，筛选出了17个已形成的站点片区关联地段。通过对现状潜力的对比分析和最终归类，将其划分为三种类型：网络枢纽型、传导中转型、局部联系型。本文为迅速、准确地识别城市高密度轨道交通网络地区站点影响地段、聚合地段等信息提供了较为有效且直观的手段。

【关键词】城市轨道交通；能级评估；关联特征；核密度分析；上海市

【作者简介】

冯诗琦，女，硕士研究生，东南大学。电子邮箱：16692298696@163.com

朱彦东，男，博士，东南大学，副教授。电子邮箱：39050992@qq.com

基金项目：“十四五”国家重点研发计划“双碳目标下的建筑城市一体化与立体化关键技术研究”课题一“建筑城市一体化与立体化地段的形态机理及其演化”（2023YFC3804101）

站城融合模式下枢纽换乘组织优化策略研究

胡睿华

【摘要】本文聚焦于站城融合模式下高铁枢纽接驳换乘组织的优化策略，分析了高铁枢纽的发展现状与需求，探讨了当前接驳换乘系统存在的问题。通过构建“站城一体化”框架，本文提出了一系列优化方案，包括流线设计、信息共享平台和设施布局优化，以提高高铁枢纽的整体换乘效率和旅客出行体验。以长沙南站为例的研究结果表明，通过智慧化建设和多模式交通衔接，可以有效提升枢纽乘客多出行方式的换乘效率，促进站城区域一体化发展。本文为铁路枢纽相关交通规划提供了理论依据与实践指导。

【关键词】站城融合；高铁枢纽；车站接驳换乘；长沙南站

【作者简介】

胡睿华，男，硕士，广州市交通规划研究院有限公司，广东省可持续交通工程技术研究中心，技术员。电子邮箱：610062441@qq.com

基金项目：广州市交通规划研究院有限公司科技基金项目“综合交通枢纽高效便捷换乘技术”（KYHT-2023-04）

基于手机数据的都市圈融合地区轨道交通规划研究

房庆恒　刘　新　邱俊兴

【摘要】本文利用手机大数据，结合城市群、都市圈发展情况，分析了都市圈融合地区的内涵与特征，以深圳都市圈、广州都市圈为例，研判东莞作为两个都市圈融合地区所承担的功能，并对东莞与两个都市圈中心城市深圳、广州的轨道交通衔接现状情况和跨市出行进行了系统分析，通过预测模型分析了未来跨市出行情况，针对性地提出了轨道交通体系规划的目标和策略，提出7条高铁、城际铁路实现中心之间半小时互达，规划11条城市轨道加密服务邻接地区的半小时通勤交通，为国内其他一体化程度较高的都市圈融合地区利用大数据技术优化轨道交通规划提供借鉴。

【关键词】大数据；轨道交通；融合地区；都市圈；粤港澳大湾区

【作者简介】

房庆恒，男，硕士，广州市交通规划研究院有限公司，广东省可持续交通工程技术研究中心，高级工程师。电子邮箱：1027742577@qq.com

刘新，男，硕士，广州市交通规划研究院有限公司，广东省可持续交通工程技术研究中心，高级工程师。电子邮箱：487836035@qq.com

邱俊兴，男，硕士，广州市交通规划研究院有限公司，广东省可持续交通工程技术研究中心，工程师。电子邮箱：

1366281872@qq.com

基金项目：广州市交通规划研究院有限公司科技基金项目“数据驱动的时空推演城市活动模型研究”（KYHT-2023-01）

基于VGR模型的轨道交通一体化优势区域评价研究

张汝华　荆　琦　刘希轩　马明迪

【摘要】随着城市化进程不断加快，职住分离严重、交通大规模潮汐化等交通瓶颈问题日益凸显。本文基于空间句法理论，构建考虑轨道交通的城市线网拓扑模型，提出一体化区域范围界定方法。选取北京市作为研究案例，构建了北京市轨道交通线网拓扑模型，计算北京市相关性指标的结果，划定空间与轨道交通一体化区域及区域内空间发展趋势。选取梨园站、建国门站、褡裢坡站为具体案例，依照站域空间布局构建 VGA 模型分析站域整体空间及出入口通达度，解析了不同类型轨道交通站点客流空间分布的影响机理，并提出了相应针对性改善优化方向。研究成果丰富了城市空间与轨道交通相互作用机制的理论和方法，为应对因轨道交通发展失衡导致的“城市病”问题提供一定理论支撑与实证参考。

【关键词】轨道交通站域；城市空间；线网拓扑模型；空间相关分析；VGR 模型

【作者简介】

张汝华，男，博士，山东大学，副教授。电子邮箱：zhangruhua@sdu.edu.cn

荆琦，女，硕士研究生，山东大学。电子邮箱：jingqi424767@163.com

刘希轩，男，硕士研究生，山东大学。电子邮箱：liuxixuanyihao@163.com

马明迪，女，硕士研究生，山东大学。电子邮箱：mamingdi_chn@163.com

基金项目：国家重点研发计划课题政府间国际科技创新合作专项项目“城市地下交通设施的绿色建造及韧性化技术研究”（2022YFE0104300）

轨道交通机场客运专线乘客信息服务改进方案

张胜阳

【摘要】轨道交通机场客运专线是机场与市区的重要交通纽带，其车载乘客信息系统作为乘客获取服务信息的重要媒介，仅具备线路运营服务信息显示，不利于乘客高效出行。本文针对机场客运专线运营服务信息与机场服务信息一体化发布需求，提出轨道交通机场客运专线车载乘客信息服务改进方案，研究基于车载乘客信息系统的多源服务信息融合播放及推送技术。设计车载乘客信息系统的数据交互接口和信息发布显示策略，实现在列车客室显示终端增加显示机场航班状态及增值服务信息，打通机场客运专线与机场的服务信息孤岛，为乘客提供接续便捷的出行服务信息，提升线路信息服务质量和出行体验。

【关键词】车载乘客信息系统；出行服务；信息发布；航班资讯

【作者简介】

张胜阳，男，学士，中国铁道科学研究院集团有限公司电子计算技术研究所，高级工程师。电子邮箱：892705165@qq.com

基金项目：中国铁道科学研究院重大科研基金项目“绿色智慧城轨关键技术深化与示范应用”（2024YJ092）；北京市自然科学基金项目“面向跨线运营的轨道交通站—车—网通信异制协同控制方法”（L221010）

广州地铁出行偏好人群生活方式描摹及典型站点分析

叶安琪

【摘要】本文基于手机信令数据，针对具有地铁出行偏好的特定人群，从人群属性、行为模式、空间特征3个方面总结该类人群的生活方式特征。研究发现，在人群属性上，地铁出行偏好人群相比全量居住人群更年轻、女性及外省籍人口更多、学历更高；行为模式方面，通勤耗时更长，通勤距离也更远，线下商圈消费意愿比全量人群更高，且工作日的消费意愿比周末高，尤其钟爱工作地附近或通勤路线沿线的高能级商圈，而对于线上娱乐的兴趣一般；就空间特征而言，工作人口日间向市区收拢，居住人口则由市区沿地铁线向西、向南形成聚集带。此外，依据区位将地铁站点划分为市区型、近郊型、远郊型3类，在各类中挑选一个典型站点代表全盘扫描，由面及点地认知该人群生活方式相关的全市特征及分区差异。

【关键词】手机信令数据；地铁出行偏好；人群画像；行为模式；空间特征

【作者简介】

叶安琪，女，硕士，广州市城市建设开发有限公司，工程师、经济师。电子邮箱：valynyip@foxmail.com

轨道交通与城市空间融合机理研究

——武汉探索与实践

孙小丽　代　琦　汪　敏　刘国强

【摘要】轨道交通是推动超大特大城市可持续发展的重要支撑。本文从武汉市轨道交通线网规划与国土空间规划协同、轨道交通线路建设与用地功能互馈角度提取轨道交通与城市空间融合的发展规律。梳理以武汉为中心的都市圈建设阶段和发展定位，运用交通—空间协同大模型技术实现系统评估、空间资源匹配和全流程治理服务，并提出“四网融合”支撑武鄂黄黄都市圈发展、市域公共交通骨架重构、车站空间提质更新行动的轨道交通与城市空间的协同效能提升路径，提高轨道交通网络对空间体系优化的引导能力。

【关键词】轨道交通；交通—空间协同；交通廊道；站点空间

【作者简介】

孙小丽，女，学士，武汉市规划研究院（武汉市交通发展战略研究院），副院长，正高级工程师。电子邮箱：378727503@qq.com

代琦，女，硕士，武汉市规划研究院（武汉市交通发展战略研究院），主任工程师，高级工程师。电子邮箱：65263581@qq.com

汪敏，男，学士，武汉市规划研究院（武汉市交通发展战略研究院），高级工程师。电子邮箱：44003915@qq.com

刘国强，男，硕士，武汉市规划研究院（武汉市交通发展战略研究院），正高级工程师。电子邮箱：462941535@qq.com

以上盖开发为核心的铁路枢纽存量空间提质增效模式研究

——以重庆沙坪坝站为例

赵　博　陈　玲　刘诗琪　任秋洁

【摘要】在城市化进程加速与土地资源紧缺的背景下，铁路枢纽存量空间的提质增效成为城市更新的重要议题。本文以重庆沙坪坝站为典型案例，基于站城融合视角，探讨以上盖开发为核心的铁路枢纽存量空间优化模式。经实证分析，上盖开发通过立体化整合交通与城市功能，显著提升了空间利用率，重构了业态结构，提升了土地增值效益，优化了交通组织效率，有效激活了片区。基于此，本文提出了“空间重构—功能协同—价值增值—交通组织”四维优化路径，为同类铁路枢纽的存量空间更新提供实践参考。

【关键词】站城融合；枢纽上盖开发；存量空间；TOD模式；沙坪坝站

【作者简介】

赵博，男，硕士，中铁二院工程集团有限责任公司交通与城市规划设计研究院，工程师、规划师。电子邮箱：py_zhaobo@163.com

陈玲，女，学士，中铁二院工程集团有限责任公司交通与城市规划设计研究院，助理工程师。电子邮箱：799481592@qq.com

刘诗琪，女，学士，中铁二院工程集团有限责任公司交通与城市规划设计研究院，助理工程师。电子邮箱：452845749@

qq.com

任秋洁，女，学士，中铁二院工程集团有限责任公司交通与城市规划设计研究院，工程师、规划师。电子邮箱：renqj@ey.crec.cn

存量发展阶段下TOD综合开发策略研究

唐　炜

【摘要】 要充分发挥轨道交通在提升土地效率、优化城市空间等方面的价值，需要持续完善 TOD 综合开发模式。本文以苏州为例，总结了苏州市的 TOD 综合开发探索与实践，并提出当前 TOD 综合开发推进过程中仍存在着四大问题需要改善，在系统梳理深圳和成都在规划编制、流程管理、统筹协调等方面成功经验的基础上，结合苏州实际情况提出了完善 TOD 规划设计体系、明确全过程实施要点、加强统筹推进机制和保障政策等方面的发展策略。

【关键词】 TOD 综合开发；轨道交通；规划设计体系；土地开发

【作者简介】

唐炜，男，硕士研究生，长沙市规划勘测设计研究院，工程师。电子邮箱：tang312wei@163.com

多中心城市轨道快线服务效能提升研究

——以东莞市为例

宋俊莹　朱勇辉

【摘要】 多中心城市轨道快线常因城市中心间出行需求量少而面临客流不足问题，影响其整体服务效能的发挥。本文以东莞市为例，在总结多中心城市居民出行特征和轨道快线服务主要问题的基础上，指出轨道快线服务效能的提升既包含轨道交通性客流的提升，也包含服务性客流的提升。基于此理念，本文从轨道交通运营组织优化、交通接驳服务提升、轨道交通站点场所营造三方面提出了服务效能提升策略，构建了涵盖基础乘车服务、交通接驳服务、便民生活服务、特色文化服务四个层面的多中心城市轨道快线服务效能评估体系。该评估体系同时兼顾乘客出行体验与轨道交通运营需求，以期为其他城市轨道快线效能评估与提升提供参考。

【关键词】 多中心城市；轨道交通；轨道交通站点；交通接驳；“三网融合”

【作者简介】

宋俊莹，女，硕士，东莞市规划设计研究院有限公司，交通规划一所技术总监，工程师。电子邮箱：songjy1119@qq.com

朱勇辉，男，硕士，东莞市规划设计研究院有限公司，交通规划一所所长，高级工程师。电子邮箱：120558088@qq.com

轨道交通线路开通客流影响因素及提升策略

——以天津地铁11号线一期为例

李芮智　万　涛　杜泽华　王　晨

【摘要】天津地铁11号线作为天津市南部东西向骨干线路，其规划与运营对沿线区域的交通网络提升具有重要意义。本文基于规划预测成果与实际开通运营数据对比，系统分析开通沿线用地开发滞后、交通接驳不足、网络协同低效等问题的核心影响因素，提出“开发—接驳—网络—运营”“四位一体”的客流提升策略。研究结果表明，线路初期日均客运量仅为预测值的29.8%，主要受限于沿线人口岗位集聚不足、接驳设施不完善、轨道交通网络联通性待优化等问题。建议通过加快沿线开发、完善接驳体系、强化轨道交通网络协同等策略，实现客流可持续增长。

【关键词】轨道交通；开通客流影响因素；客流提升策略；网络协同

【作者简介】

李芮智，男，硕士，天津市城市规划设计研究总院有限公司，工程师。电子邮箱：1280193751@qq.com

万涛，男，硕士，天津市城市规划设计研究总院有限公司，高级工程师。电子邮箱：1169468702@qq.com

杜泽华，男，硕士，天津市城市规划设计研究总院有限公司，工程师。电子邮箱：515022619@qq.com

王晨，女，硕士，天津市城市规划设计研究总院有限公司，助理工程师。电子邮箱：wangchen@126.com

杭州市城市轨道交通接驳设施发展水平评价与分析

纪 宁 华爱娅 杨乐而 余 杰 魏晓冬 韦国辉

【摘要】轨道交通接驳设施的建设与优化对提升城市公共交通整体运行效能具有重要的作用。本文基于杭州市轨道交通站点的既有规划、现状运行、乘客出行特征以及各站点接驳设施建设情况等多源数据，对全市站点的现状接驳情况进行系统、全面的分析。综合考虑数据的可获取性以及指标参数的代表性，基于步行、非机动车、公交以及私人机动车四类接驳方式选取17项具体指标，构建轨道交通设施评价指标体系，以期对全市站点接驳设施发展水平进行系统性评价，识别问题最为突出的站点，为制定科学合理的改善措施提供重要的数据支撑。

【关键词】城市轨道交通；接驳设施；评价指标

【作者简介】

纪宁，男，硕士，杭州市规划设计研究院，工程师。电子邮箱：563548697@qq.com

华爱娅，女，硕士，杭州市规划设计研究院，高级工程师。电子邮箱：359969242@qq.com

杨乐而，女，硕士，杭州市规划设计研究院，工程师。电子邮箱：413165412@qq.com

余杰，男，硕士，杭州市规划设计研究院，高级工程师。电子邮箱：466468752@qq.com

魏晓冬，男，硕士，杭州市规划设计研究院，高级工程师。

电子邮箱：274558683@qq.com

韦国辉，男，硕士，杭州市规划设计研究院，助理工程师。
电子邮箱：592635074@qq.com

高质量发展背景下北京轨道交通车辆基地综合利用规划方法研究

李慧轩　高　扬

【摘要】轨道交通车辆基地是城市轨道交通系统中占地规模最大的基础设施，为城市轨道交通系统的正常运营提供了重要保障功能，但客观上也存在着空间效率不足、与城市融合度不高等问题。本文系统分析了北京轨道交通车辆基地的规划建设现状，基于多源数据对北京市既有车辆基地的问题进行了量化分析，在充分借鉴国内外城市特征经验的基础上，提出既有车辆基地应从强调保障性服务的传统发展模式转向因地制宜、因时施策的高质量发展模式。基于对轨道交通系统网络端条件与城市端需求的动态评估，提出了适用于北京的车辆基地综合利用节点—场所模型，为北京减量发展时期的车辆基地更新改造提供了全新视角和系统方法，助力轨道交通与城市规划建设管理一体化水平的不断提升，实现高质量发展转型。

【关键词】轨道交通；车辆基地；TOD；综合利用；站城融合；节点—场所模型

【作者简介】

李慧轩，男，博士，北京市城市规划设计研究院，正高级工程师。电子邮箱：349591289@qq.com

高扬，男，学士，北京市城市规划设计研究院，原院副总工程师，高级工程师。电子邮箱：gaoyang@bjghy.com

后轨道交通时代城市公交系统重构
——分层协同与多网融合的天津实践

唐立波　韩家庆　万　涛　李河江　巫骋远

【摘要】面对轨道交通扩张等引发的传统公交系统性衰退（2014—2024 年天津市轨道交通日均客流激增 125% 至 175 万人次，公交客流则断崖式下跌 70% 至 122 万人次），本文提出“分层协同—多网融合”重构框架。通过构建“骨架线—普线—微循环—定制公交”四级网络体系，破解公交线网功能层级混乱、服务低频与轨道交通竞争失序等难题。核心策略包括：①整合冗余线路形成“3 环 10 射 11 联络”骨干网，强化高频服务；②围绕轨道交通盲区与薄弱区延伸 BRT 大通道，构建中运量快速走廊；③以网格化识别技术打通 86 处公交末梢盲区，优化微循环接驳；④基于客流转移模型实施“横向加密—纵向抽疏”竞争线路调整。推动公交从“分散低效”向“集约高效”转型，为高密度城市后轨道交通时代城市公交系统重构提供可推广路径。

【关键词】公交线网重构；轨道交通融合；服务效能提升；分层线网体系；多网协同；天津市

【作者简介】

唐立波，男，硕士，天津市城市规划设计研究总院有限公司，高级工程师。电子邮箱：tang8791332@163.com

韩家庆，男，学士，天津市公共交通集团（控股）有限公司，运营业务部副部长。电子邮箱：2726372@qq.com

万涛，男，硕士，天津市城市规划设计研究总院有限公司，高级工程师。电子邮箱：1169468702@qq.com

李河江，男，硕士，天津市城市规划设计研究总院有限公司，高级工程师。电子邮箱：626100056@qq.com

巫骋远，男，学士，天津市公共交通集团（控股）有限公司。电子邮箱：807254335@qq.com

轨道交通引领超大城市高质量发展的北京实践

兰亚京　杨志刚

【摘要】目前，北京轨道交通运营里程已经突破1200公里，作为全国首个减量发展的超大城市，北京的可持续发展离不开轨道交通的支撑与保障，尤其在非首都功能的持续疏解、城市发展“不断减量”、“双碳”目标工作的不断推动下，仍需持续依托轨道交通实现更高效率、更高质量的发展。本文以问题导向为先导，聚焦北京外围多点新城地区发展统筹不足、轨道交通引导城市资源集聚不足、规划实施统筹不够、“市区联动，多方共赢”机制缺失等当前发展的主要问题，从加强统筹、规划引导、实施统筹、机制保障四大方面，提出轨道交通引领北京高质量发展的规划实施建议，对全国超大城市高质量发展具有借鉴意义。

【关键词】高质量；减量发展；资源集聚；轨道交通引领

【作者简介】

兰亚京，男，硕士，北京市城市规划设计研究院，主任工程师，高级工程师。电子邮箱：526875458@qq.com

杨志刚，男，硕士，北京市城市规划设计研究院，区域规划所副所长，教授级高级工程师。电子邮箱：17615069@qq.com

成都市轨道交通高架站点一体化更新改造研究

孟晓彤　刘　洋

【摘要】随着轨道交通运营年限的增加，受城市发展环境、乘客需求量变化的影响，早期建设的轨道交通高架站点已经出现与当前城市和轨道交通高质量融合发展要求不适应的问题。本文通过借鉴东京、香港、北京、上海等城市既有轨道交通高架站点的一体化更新改造经验，结合成都轨道交通高架站点实际情况，从改造时序、改造模式、改造主体等方面提出建议，以期高质量地促进轨道交通高架站点与城市融合发展。

【关键词】轨道交通高架站点；一体化改造；改造触发条件；改造模式；改造主体

【作者简介】

孟晓彤，女，硕士，成都市规划设计研究院，主创规划师，工程师。电子邮箱：943647116@qq.com

刘洋，女，硕士，成都市规划设计研究院，主任规划师，高级工程师。电子邮箱：1589383904@qq.com

北京市低运量轨道交通系统可持续发展探索

——以亦庄T1线为例

刘岩松　张　慧

【摘要】低运量轨道交通系统作为城市公共交通系统中重要组成部分，如今正面临着巨大的挑战。2021年，珠海有轨电车停运后，不少声音都认为低运量轨道交通系统是过时的产物，不适宜在当下继续建设。本文以北京亦庄T1线为例，从线路实施情况、用地实施情况、交通实施情况、客流效益、票价水平等多个维度，对其进行现状评估，探寻根源问题，提出“增总量、强吸引、降预期”的优化策略，为低运量轨道交通系统的可持续发展提供了参考。

【关键词】低运量轨道交通系统；公共交通；可持续发展；现状评估

【作者简介】

刘岩松，男，硕士，北京市城市规划设计研究院，工程师。电子邮箱：836553330@qq.com

张慧，女，硕士，北京市城市规划设计研究院，工程师。电子邮箱：zhanghui1073@163.com

04 城市更新与韧性提升

山区市政交通基础设施洪水灾后重建提升规划策略

涂　强　张　林　郑　猛　夏天成　汪　洋　张　义
贺　健　寇春歌　王耀卿

【摘要】现有对山区基础设施灾后重建的研究少有从山区公路网络系统及市政交通综合视角的韧性提升研究。本文充分借鉴自然灾害多发国家的基础设施灾后重建提升经验，提炼山区市政交通基础设施重建提升规划要点。以海河“23·7”流域性特大洪水灾害为例，首先通过现场踏勘、卫星影像、无人机航拍等多源数据，形成市政交通基础设施灾损“一张图”，从外部原因和内部原因两大维度剖析灾损原因。之后，通过分专业多维度对比，研判既有基础设施防洪标准的适用性，明确设施重建提升方向。最后，提出多领域整合的市政交通基础设施韧性提升策略，构建兼顾“强抗灾能力＋快恢复速度”的基础设施生命线网络。

【关键词】基础设施；灾后重建；洪水灾害；多源数据；韧性提升

【作者简介】

涂强，男，硕士，北京市城市规划设计研究院，工程师。电子邮箱：tuqiang729@163.com

张林，男，学士，北京市规划和自然资源委员会，综合交通规划管理处处长，无。电子邮箱：13911586313@163.com

郑猛，男，学士，北京市城市规划设计研究院，交通规划所所长，正高级工程师。电子邮箱：sd_zhengmeng@163.com

夏天成，男，硕士，北京市规划和自然资源委员会，综合交通规划管理处副处长。电子邮箱：xiatiancheng@163.com

汪洋，男，硕士，北京市城市规划设计研究院，交通规划所主任工程师，正高级工程师 。电子邮箱：bicpjts@163.com

张义，男，硕士，北京市城市规划设计研究院，生态规划所主任工程师，正高级工程师。电子邮箱：bicpsts@163.com

贺健，男，硕士，北京市城市规划设计研究院，市政规划所副所长，正高级工程师。电子邮箱：bicpszs@163.com

寇春歌，女，硕士，北京市城市规划设计研究院，高级工程师。电子邮箱：kouchunge0406@163.com

王耀卿，男，硕士，北京市城市规划设计研究院，工程师。电子邮箱：wyq2623838@163.com

基于实时路况数据的城市交通事故时空特征及策略建议

张海涛

【摘要】本文基于实时路况数据，通过GIS空间分析法和文本分析法研究深圳市道路交通事故的时空特征。结果表明，深圳市道路交通事故与周末出行、节日活动、人口迁徙高度相关，早班通勤是交通事故发生的重要诱因；国道、高速路、快速路等高等级道路和立交、高架、大桥、隧道等关键枢纽事故发生最多，事故热点区域为南坪快速、北环大道—泥岗路、滨河大道—广深高速公路和机荷高速公路—惠盐高速公路（沈海高速）等沿线区域。据此提出优化城市职住空间结构、强化节假日与高峰时段交通管理、加强重点区域交通治理的策略建议，以期为预防和减少交通事故、提高城市交通系统的安全性和效率提供借鉴与参考。

【关键词】实时路况；交通事故；时空特征；策略建议；深圳市

【作者简介】

张海涛，男，硕士，广东省城乡规划设计研究院科技集团股份有限公司，规划师、工程师。电子邮箱：haitaozhang@hnu.edu.cn

基金项目：广东省智慧安全城市规划与监测重点实验室基金项目“面向城市安全的智慧城市自适应规划技术研究”（2022-KY3-007）

道路下穿节点交通功能重要性和易淹风险评估

——以成都市中心城区为例

王哲源　邱崇珊　邹禹坤　乔俊杰

【摘要】随着气候变化加剧，暴雨内涝等极端灾害日益频发，下穿节点作为内涝风险的主要承灾体、重要道路内的下穿节点，是灾害发生时需重点保护的对象。本文以成都市中心城区为例，制定不同内涝风险等级下的道路交通韧性目标，围绕不同目标构建道路拓扑网络模型，并结合出行需求评估道路交通功能重要性。研究通过 SWMM 模型模拟内涝分布，对不同内涝风险下且位于重要道路内的下穿节点给予优化建议，同时为同类型超大城市下穿节点防涝优化及交通组织提供借鉴。

【关键词】暴雨内涝；城市道路；下穿节点；交通韧性；道路拓扑网络；SWMM 模型

【作者简介】

王哲源，男，硕士，成都市规划设计研究院，规划师，助理工程师。电子邮箱：410209053@qq.com

邱崇珊，女，硕士，成都市规划设计研究院，主任规划师，高级工程师。电子邮箱：752966811@qq.com

邹禹坤，男，硕士，成都市规划设计研究院，主创规划师，工程师。电子邮箱：502342513@qq.com

乔俊杰，男，硕士，成都市规划设计研究院，总工程师助理，高级工程师。电子邮箱：3061215688@qq.com

城市更新背景下老城区城市交通优化研究

——以重庆市沙坪坝区为例

周进均　寇立明

【摘要】城市更新是提升城市功能和居民生活质量的重要手段，而老城区交通优化则是城市更新的关键环节之一。本文以重庆市沙坪坝区为例，首先阐述了沙坪坝区的现状交通及运行情况；其次从骨架路网系统不完善、次支道路贯通性差、交通综合治理水平有待进一步加强等四个方面总结了沙坪坝区交通规划建设和治理中存在的问题。最后从提升对外通道的疏解能力、协同道路交通和用地开发、持续推进大综合一体化治理 3 个层面提出优化策略及方案，为其他城市老城区交通优化提供参考。

【关键词】城市更新；老城区；交通优化；重庆市沙坪坝区

【作者简介】

周进均，男，硕士，重庆市交通规划研究院，正高级工程师。电子邮箱：761712375@qq.com

寇立明，男，硕士，重庆市交通规划研究院，正高级工程师。电子邮箱：3368114640@qq.com

基于城市更新的水上航线规划研究

——以宁波三江口至东钱湖航线规划为例

赵 赞 舒 垚

【摘要】本文以宁波三江口至东钱湖水上航线规划为实证对象，从水岸整治视角构建城市更新的新模式。并通过建立“空间重构—功能复合—文化激活—生态修复”四维协同框架，结合87km田字形航线规划、12处码头节点设计、46座桥梁风貌提升及36km岸线景观整治，验证了基于一河两岸整治的城市更新对城市空间效率优化、历史文脉延续、生态系统修复及产业经济激活的显著作用。研究发现，水岸同治不仅是城市更新的触媒，更可作为国土空间规划体系下存量开发的重要抓手，为江南水网型城市的可持续更新提供了理论范式与实践参考。

【关键词】城市更新；水上航线规划；韧性治理；宁波

【作者简介】

赵赞，男，学士，宁波市规划设计研究院，高级工程师。电子邮箱：47622868@qq.com

舒垚，男，硕士，宁波市规划设计研究院，工程师。电子邮箱：15957879360@qq.com

三生空间融合导向下城市道路规划策略研究

马成喜　黄兰莉　王岳丽　焦文敏　胡修翰

【摘要】随着我国城市步入高质量发展阶段，实现生产空间、生活空间与生态空间（简称“三生空间”）的融合发展，已成为城市可持续发展的核心议题。道路作为城市空间的核心脉络与复合型公共载体，在三生空间融合中起到串联生态、生活与生产功能的纽带作用。本文首先解析了三生空间的内涵及其对城市道路的要求，并以武汉市左岸大道为例，分析道路沿线生态、生活、生产空间的特性，针对性地提出生态空间优先保障、生活空间活力提升、生产空间效率优化三个方面的道路规划策略，有效促进了三生空间的有机融合，提升了城市综合服务能力与居民生活品质，为城市道路精细规划设计提供实践参考。

【关键词】三生空间；道路规划；精细化设计；高质量发展；左岸大道

【作者简介】

马成喜，男，硕士，武汉市规划研究院（武汉市交通发展战略研究院），工程师。电子邮箱：343041747@qq.com

黄兰莉，女，硕士，武汉市规划研究院（武汉市交通发展战略研究院），交通市政分院规划部主任，高级工程师。电子邮箱：jiayouzhanxiaozu@163.com

王岳丽，女，硕士，武汉市规划研究院（武汉市交通发展战略研究院），交通市政分院规划部部长，高级工程师。电子邮箱：

343041747xq@gmail.com
焦文敏，女，硕士，武汉市规划研究院（武汉市交通发展战略研究院），高级工程师。电子邮箱：1743564666@qq.com
胡修翰，男，硕士，武汉市规划研究院（武汉市交通发展战略研究院），工程师。电子邮箱：machengxi@wpdi.cn

南昌市珠宝街街区更新与交通治理实践

梅　伟　魏　星

【摘要】在旅游"特种兵"的宣传下，大量游客涌入南昌市珠宝街老旧街区，带来交通及公共服务设施能力不足的问题，政府迅速组织开展了系列微更新、微改造工程，通过社区、商户、游客、居民等共同参与和多元共治，推动了街区更新和治理工作。研究调查分析了街区的各类人群及出行活动特征，梳理了街区交通组织优化方面的治理举措，包括划设步行优先区、分类疏导机动车、规范管理非机动车、电子导航地图等，提供了该类老旧街区商圈化的可复制技术框架和实施策略。

【关键词】街区更新；交通治理；多元共治

【作者简介】

梅伟，男，硕士，南昌市城市规划设计研究总院集团有限公司，交通院总工程师，高级工程师。电子邮箱：517243892@qq.com

魏星，男，硕士，南昌市城市规划设计研究总院集团有限公司，总院副总工程师，高级工程师。电子邮箱：13879179866@163.com

稳静化交通在历史街区城市更新中的实践

吴　娟

【摘要】街道是城市交通系统的重要一环，也是城市生活的重要组成部分。本文针对城市历史街区更新改造项目，在全面现状调查的基础之上，将城市设计的思想融入交通系统的优化提升过程之中，统筹考虑整个地区的环境风貌与空间体验，制定“路网—道路—街巷”不同层次、等级的稳静化交通发展策略。借鉴类型学思想，通过将片区内道路划分为三种典型类型，制定具有针对性的更新策略，打造稳静交通示范区。同时，将交通优化与地区活力提升相结合，通过交通设计引导地区产业更新与出行方式提升，带动城市历史街区的活力复兴，满足人民对美好生活的向往。

【关键词】稳静化；历史街区；城市更新

【作者简介】

吴娟，女，硕士，天津市城市规划设计研究总院有限公司，高级规划师。电子邮箱：cat_850811@163.com

北京城市道路交叉口一体化更新规划研究

彭　敏

【摘要】道路交叉口作为城市道路网络中的节点，与人民群众的出行、生活息息相关。北京现状已建成的道路交叉口多是基于机动车通行效率而设计，其中人性化不足、占地面积过大的交叉口需要进行更新。同时，交叉口作为一个场所空间，塑造良好的城市景观与塑造出行环境同样重要。区别于仅关注提升通行能力的交叉口改造，北京道路交叉口更新从空间一体化、功能一体化、环境一体化三个方面进行规划研究，并形成涵盖规划目标、原则、流程、更新要素与内容、评价、实施保障的交叉口更新编制体系。

【关键词】道路交叉口；城市更新；一体化规划

【作者简介】

彭敏，女，硕士，北京市城市规划设计研究院，正高级工程师。电子邮箱：yiminjuly@163.com

基于sDNA模型的开封市历史城区路网形态分析及优化建议

饶明雷　刘艳忠

【摘要】本文以开封市历史城区为例，采用sDNA模型与空间句法理论，结合ArcGIS平台，对历史城区路网进行了多尺度定量分析。研究结果表明，在不同空间尺度下，开封市历史城区的干道体系表现出较高的拓扑整合能力和中心性。其中，全局尺度上，路网呈现出“四横四纵”的主导形态特征；而局部尺度上则呈现分散特征。此外，历史城区路网的可理解度较高（$R^2 > 0.7$），表明其整体感知可达性良好。然而，中部路网在全局性交通疏导能力方面存在显著差异，且缺乏整体联系。研究结果为开封市历史城区的空间优化和道路交通布局提供了科学依据，并为其他历史城区的路网规划与保护提供了参考。

【关键词】历史城区；路网形态；多尺度分析；sDNA模型；空间句法

【作者简介】

饶明雷，男，硕士，河南省城乡建筑设计院有限公司，交通规划院总规划师，高级工程师。电子邮箱：464021561@qq.com

刘艳忠，男，博士，河南省城乡建筑设计院有限公司，副总经理，正高级工程师。电子邮箱：liu_yzhong@163.com

基金项目：河南省科学技术厅研究课题“基于力学本构的城市公共交通基础设施韧性机制与优化设计”（242102240034）；河

南省住房城乡建设科学技术计划项目“历史城区综合交通改善与停车适应性技术”（HNJS-2022-K38）；河南省住房城乡建设科学技术计划项目“城市更新背景下交通协同优化提升路径研究”（HNJS-2024-R3）

南昌校园周边交通安全现状评估与应对策略

万晶晶　刘　玮　陆阳子　袁　瑶

【摘要】学生是国家的未来和民族的希望，学校交通安全是安全生产问题，也是社会民生问题。南昌市致力于儿童友好城市构建，高度重视校园周边安全，持续改进并督查。但由于历史问题，全市各类学校存在交通组织不合理、安全设施不完善等不同程度的道路交通安全隐患。本文在梳理其他城市校园安全治理策略的基础上，对各县区在安全排查过程中提交的隐患问题进行深入剖析，提出了市级推动区级统筹，一区一案、一校一策，以“9 项专项行动”为抓手，分步开展提升行动的行动方案，以期提升校园周边交通安全环境。

【关键词】儿童友好；校园交通安全；安全隐患；行动方案

【作者简介】

万晶晶，女，硕士，南昌市城市规划设计研究总院集团有限公司，高级工程师。电子邮箱：jingjingeye@qq.com

刘玮，男，硕士，南昌市城市规划设计研究总院集团有限公司，交通规划设计院院长，高级工程师。电子邮箱：12584428@qq.com

陆阳子，女，学士，南昌市城市规划设计研究总院集团有限公司，工程师。电子邮箱：luyangzihhh@qq.com

袁瑶，女，硕士，南昌市城市规划设计研究总院集团有限公司，工程师。电子邮箱：Xerxesy@alumni.tongji.edu.cn

基于系统韧性的道路施工交通疏解优化研究

曾德津　刘新杰　陈　鹏

【摘要】韧性交通路是维持城市道路交通稳定运行的重要因素之一，当道路交通受到施工围蔽占道等外部干扰时，提升道路交通系统的韧性才能保证车流稳定运行，不发生结构性拥堵、影响正常出行需求。本文通过车流溯源技术分析交通系统车辆通行数据，形成多层次车流出行组织，借助多媒体广泛发布，让多层次车流出行具备可实施性，而不是停留在概念层面。同时在施工期间对施工疏解方案进行反复动态跟踪评估，及时调整交通管理措施和交通组织方案，提升交通系统韧性。并以广州市下塘西跨线桥施工占道为例，建立平均车速—拥堵指数—车流量的多维度评价体系，准确反映交通系统韧性水平，支撑城市道路交通系统施工期间的平稳运作。

【关键词】韧性交通；施工疏解；道路交通；车流溯源；交通组织

【作者简介】

曾德津，男，学士，广州市交通规划研究院有限公司，广东省可持续交通工程技术研究中心，工程师。电子邮箱：1785416287@qq.com

刘新杰，女，硕士，广州市交通规划研究院有限公司，广东省可持续交通工程技术研究中心，高级工程师。电子邮箱：155095561@qq.com

陈鹏，男，硕士，广州市交通规划研究院有限公司，广东省可持续交通工程技术研究中心，助理工程师。电子邮箱：1767478617@qq.com

基金项目：广州市交通规划研究院有限公司科技基金项目“城市交通与国土空间利用互动评价技术研究”（KYHT-2024-02）

高校集聚地交通改善研究
——以广州市环五山片区为例

许琬清　王　帅　郭献超

【摘要】随着城市化进程的发展，城市更新成为优化城市空间结构、提升城市功能的重要手段。高校集聚地作为城市的重要功能区，交通问题日益凸显，成为制约城市更新与高校发展的关键因素。本文以广州市环五山创新策源区（简称"环五山片区"）为例，基于对高校集聚地特点及现有问题的分析，结合城市更新背景，从完善路网结构、引导绿色出行、优化交通管理等方面提出针对性的交通改善策略，以期为高校集聚地的交通优化提供理论支持与实践参考。

【关键词】城市更新；高校集聚地；交通改善

【作者简介】

许琬清，女，硕士，广州市交通规划研究院有限公司，广东省可持续交通工程技术研究中心，工程师。电子邮箱：2807899694@qq.com

王帅，男，学士，广州市交通规划研究院有限公司，广东省可持续交通工程技术研究中心，工程师。电子邮箱：1510157062@qq.com

郭献超，男，硕士，广州市交通规划研究院有限公司，广东省可持续交通工程技术研究中心，工程师。电子邮箱：869921708@qq.com

基金项目：广州市交通规划研究院有限公司科技基金项目“城市交通与国土空间利用互动评价技术研究”（KYHT-2024-02）

防控地方债务风险背景下城市路网同步规划统筹实施研究

——以天津市中心城区为例

周佳玮　徐　志　安　斌

【摘要】本研究围绕天津市在债务风险背景下的城市道路网络优化需求展开，系统分析了当前道路服务水平与核心问题。研究认为面对机动车需求快速增长，目前城市道路建设资金不足、融资渠道单一等瓶颈，导致核心区交通拥堵与骨架路网结构性矛盾凸显。为科学制定建设时序，研究基于系统分析视角，构建了多准则决策分析（MCDA）与空间量化融合的评估模型。即通过涵盖用地关联度、路网密度、公交协同度等6项指标，对待建道路进行优先级量化评价，最终形成覆盖未来5~10年的天津市中心城区道路建设项目库“一张图”。研究成果为统筹债务风险防控与城市更新需求提供了决策支持，既通过精准投资缓解重点区域拥堵，又为盘活存量资源、激活沿线经济价值提供了实施路径，助力天津市实现从“增量扩张”向“提质增效”的道路系统转型。

【关键词】城市路网；建设时序；地方债务风险；多属性效用理论

【作者简介】

周佳玮，女，硕士，天津市城市规划设计研究总院有限公司，工程师。电子邮箱：15651770379@163.com

徐志，男，博士，天津市规划和自然资源局，高级工程师。

电子邮箱：15822395559@163.com

安斌，男，硕士，天津市城市规划设计研究总院有限公司，高级工程师。电子邮箱：18502679714@163.com

考虑服务网络的城市群综合网络脆弱性研究

李鑫涛

【摘要】本文基于复杂网络 Space L 网络模型，综合考虑城市群多模式交通网络和城市内部服务网络及其耦合特性，进而构建城市群综合客运网络模型，提出了基于出行费用、行程时间和应急响应强度的城市群网络脆弱性边权函数，并通过随机攻击和蓄意攻击策略对网络进行脆弱性分析。研究结果表明，在针对节点的蓄意攻击下，当全局重要度高的节点被攻击时，全网效率下降幅度超过6%；在对网络连边的攻击中，高介数连边对维持网络连通性具有重要作用，在针对不同网络层级连边的攻击中，铁路网络连边表现出更显著的脆弱性；通过K核变化发现综合网络和铁路网络是维持网络连通性和韧性的关键。

【关键词】交通工程；复杂网络理论；城市群；服务网络；脆弱性

【作者简介】

李鑫涛，女，硕士研究生，内蒙古大学。电子邮箱：1849668912@qq.com

城市更新背景下的道路更新规划策略与实践

黄　琪　龚星星　宋子祥　王睿捷

【摘要】在城市不断发展演变进程中，城市更新已成为提升城市品质、优化空间布局、完善城市功能的重要手段。道路作为城市的骨架和脉络，其更新规划在城市更新中占据关键地位。良好的道路更新规划不仅能改善交通状况，还能带动周边区域的发展，提升城市整体形象与居民生活质量。本文深入探究城市更新与道路更新之间的共生关系，剖析城市更新背景下道路更新所呈现出的转型范式；在此基础上，提出与城市更新目标契合的道路更新策略；并以武汉市不同类型道路更新项目为典型案例，总结实践经验，助力城市构建“道路更新—城市更新—价值提升”良性循环，实现高质量发展。

【关键词】城市更新；道路更新；规划策略

【作者简介】

黄琪，女，硕士，武汉设计咨询集团有限公司，高级工程师。电子邮箱：122368470@qq.com

龚星星，男，硕士，武汉设计咨询集团有限公司，高级工程师。电子邮箱：532659578@qq.com

宋子祥，男，硕士，武汉设计咨询集团有限公司，高级工程师。电子邮箱：510489278@qq.com

王睿捷，女，硕士，武汉设计咨询集团有限公司，工程师。电子邮箱：rachelwang@qq.com

山地城市道路交通安全综合治理策略研究

——以达州市为例

吴北川　代漉川　雍　汉　陈　健　鞠色宏

【摘要】本文以达州市为研究对象，针对其山地城市特征引发的道路交通安全困局，创新性地提出“智慧交通技术赋能＋精细化交通组织设计”的双轮驱动道路交通安全综合治理框架，构建了“规划—建设—运营—评估”全生命周期、全链路管理的闭环治理体系。研究聚焦“人、车、路、企、环境”五大核心领域，提出“源头治理”“主动防控”“长效监管”等实施策略，以实现“显性隐患动态清零与潜在风险智能预控”。研究结果表明，该体系可有效地提升山地城市道路交通安全治理效能，为山地城市交通安全综合治理范式转型提供了较强的理论支撑与实践路径。

【关键词】山地城市；闭环治理体系；主动防控；长效监管

【作者简介】

吴北川，男，硕士，中铁二院工程集团有限责任公司，工程师。电子邮箱：1224430542@qq.com

代漉川，男，硕士，中铁二院工程集团有限责任公司，规划院智能所所长，高级工程师。电子邮箱：dailc@ey.crec.cn

雍汉，男，硕士，中铁二院工程集团有限责任公司，规划院智能所副所长，高级工程师。电子邮箱：yonghan@ey.crec.cn

陈健，男，硕士，中铁二院工程集团有限责任公司，规划院

副总监，高级工程师。电子邮箱：chenjian@ey.crec.cn

鞠色宏，男，学士，中铁二院工程集团有限责任公司，工程师。电子邮箱：jush01@ey.crec.cn

轨道交通网络化运营背景下超大城市交通拥堵治理研究

——以武汉市为例

韩丽飞　孙小丽　闫　彭

【摘要】随着城市化进入存量时代，轨道交通网络化运营下超大城市交通拥堵问题日益突出。本次研究以武汉市为例，采用大数据与交通模型融合，依据“面—线—点”多维度的动静结合的路网拥堵诊断体系，识别出工作日与节假日交通拥堵点分布，并进行成因分析。在分析借鉴超大城市交通拥堵案例的基础上，按照“治理对象由以车为本向以人为本转变，治理模式由建设为主向规划、建设、管理、运营一体化转变，治理机制由政府主导逐步向社会共治转变”的思路，实施绿色优先、智慧管理、组团疏解的战略理念，形成“稳供需、调结构、强治理、优空间”四大交通治理优化策略方案，并制定分期实施计划，树立了超大城市交通拥堵治理的新样板。

【关键词】交通拥堵治理；轨道交通网络运营；超大城市；武汉市

【作者简介】

韩丽飞，男，硕士，武汉市规划研究院（武汉市交通发展战略研究院），高级工程师。电子邮箱：516916102@qq.com

孙小丽，女，学士，武汉市规划研究院（武汉市交通发展战略研究院），正高级工程师。电子邮箱：378727503@qq.com

闫彭，男，硕士，中国石油天然气管道工程有限公司，高级工程师。电子邮箱：1053607605@qq.com

绍兴市适老化交通规划创新路径探索

钱思名　陈　威

【摘要】随着经济社会的不断发展，我国的老龄化进程也随之加速，适老化交通规划已成为城市建设过程中不可忽视的重要课题。而绍兴市作为我国著名的历史文化名城，其老龄化程度整体较高，60 岁以上人口占比高达 23.5%，所以构建完善的适老化交通体系有着充足的必要性，相关人员更是需要面对数字化服务度较低等方面的挑战。本文对老龄化背景下绍兴市适老化交通规划创新路径探索进行分析，阐述了绍兴老龄人口分布及出行行为特征、绍兴适老化交通设施现状、适老化交通规划创新路径等方面的内容。期待能进一步提高建设绍兴市适老化交通的效能，为老年群体的出行带来保障，也希望能为相关人员带来一些有益的方向与建议。

【关键词】老龄化；绍兴市；适老化交通；创新路径

【作者简介】

钱思名，女，硕士，绍兴市国土空间规划研究院，工程师。电子邮箱：649042382@qq.com

陈威，男，硕士，绍兴市国土空间规划研究院，工程师。电子邮箱：290331640@qq.com

城市更新背景下的交通枢纽地区更新探索

孔令铮　张　鑫

【摘要】在城市发展和城市更新的进程中，交通枢纽的原有功能已难以适应动态发展的需求变化，超大城市交通枢纽需要从“单一交通节点”向“城市综合服务核心”转型，带动交通枢纽地区功能完善及品质提升。本文以北京市西苑交通枢纽功能调整为核心，解析超大城市交通枢纽发展面临的困境，提出“功能动态适配—空间效能提升—区域综合治理”的交通枢纽更新策略框架，为同类交通枢纽地区更新提供北京的规划范式。

【关键词】城市更新；交通枢纽地区；功能调整；综合治理

【作者简介】

孔令铮，女，硕士，北京市城市规划设计研究院，高级工程师。电子邮箱：konglingzheng@126.com

张鑫，男，硕士，北京市城市规划设计研究院，正高级工程师。电子邮箱：bjghy_zhx@163.com

适老适幼理念下的重庆市中心城区交通规划探索

吴翱翔　邓腾云　欧阳吉祥

【摘要】在人口老龄化与儿童友好型城市建设的双重背景下，改善“一老一小”交通出行环境已成为全社会共识。研究对适老适幼理念下的城市交通规划内容和技术手段进行了探索，首先对重庆市中心城区老年人口与儿童群体基本情况进行了分析，然后通过实地调研，总结老年人和儿童主要出行特征和出行场景，以老幼人群出行较为集中的步行及公共交通为重点，分析现状存在问题，最后在对城市公共服务设施进行梳理识别基础上，从步道网络、过街设施、公交站点布局、轨道交通接驳服务等方面系统性提出适老适幼交通规划方案。

【关键词】适老适幼；交通规划；步行系统；公共交通；重庆市中心城区

【作者简介】

吴翱翔，男，硕士，重庆市交通规划研究院，高级工程师。电子邮箱：1031669170@qq.com

邓腾云，男，硕士，重庆市规划设计研究院，高级工程师。电子邮箱：461466381@qq.com

欧阳吉祥，男，硕士，重庆市规划设计研究院，正高级工程师。电子邮箱：382583024@qq.com

北京市城市道路机动车道最小宽度研究

张颖达

【摘要】机动车道宽度直接影响了道路红线宽度，并在一定程度上影响了车辆行驶速度、车辆变道行为选择以及驾驶感受。本研究全面分析了机动车道宽度理论计算方法和参数标定情况，对比了国内外机动车道宽度设定值，总结了近年来国内各大城市在压缩机动车道宽度的尝试，并以北京平安大街、二环路辅路改造为例，分析了“车道瘦身”对车辆运行速度的影响。对车身宽度、停驶时车辆间最小安全距离、车辆行驶时的横向摆动距离三大要素进行重新标定，创新性地采用行车记录仪录像视频和Kinovea软件处理对最难获取的横向摆动距离进行动态跟踪、测量。机动车道最小宽度规定值已纳入北京市地方标准《城市道路空间规划设计标准》DB11/T 1116—2024修订内容，并于2024年10月1日起实施。

【关键词】机动车道宽度；参数标定；地方标准

【作者简介】

张颖达，男，硕士，北京交通发展研究院，主任工程师，工程师。电子邮箱：136080369@qq.com

城市更新背景下道路街区微更新改造实践

——以哈尔滨市新疆大街示范工程为例

刘 莹 白仕砚 姚 旭

【摘要】 在城市化进程不断发展的当下，城市发展模式从增量扩张逐步过渡至存量优化阶段。在此背景下，城市更新正从以往大规模、高强度的改造，向精细化、渐进式的治理方向转变。道路街区作为城市空间的关键组成部分，既承担着城市交通网络的重要功能，又是城市公共空间的关键载体，但目前却面临着功能衰退、空间破碎、活力不足、缺乏文化融合等诸多问题。为了有效应对这些挑战，本文以道路街区微更新改造为主题，以哈尔滨市新疆大街示范工程为案例，详细介绍了在城市更新过程，道路街区的微改造通过道路更新装饰、园林绿化提档升级、城市家具容貌提升、空中线缆规范治理、夜景照明优化提质五大工程来实现。力图通过街区的微改造，实现城市品质提升、社区活力激发、居民归属感增强，同时也期望对其他城市的道路街区改造提供参考和示范作用。

【关键词】 城市更新；道路街区；微更新；改造实践

【作者简介】

刘莹，女，硕士，哈尔滨市城乡规划设计研究院，正高级工程师。电子邮箱：xinliuying163@163.com

白仕砚，男，学士，哈尔滨市城乡规划设计研究院，副院长，正高级工程师。电子邮箱：13945076088@139.com

姚旭，男，博士，哈尔滨市城乡规划设计研究院，交通规划所所长，正高级工程师。电子邮箱：hrbyao@163.com

更新单元实施方案交通专项规划的探索与思考

——以武汉市白沙滨江产城融合片为例

李　丹　杜云峰　王　欣

【摘要】为推动城市更新工作，各地基本构建了“市级国土空间规划—市级城市更新专项规划—区级城市更新专项规划—更新单元实施方案—更新项目实施方案”五级规划体系。更新单元实施方案对上承载着国土空间规划和市级城市更新专项等重大战略要求，对下指导具体更新项目实施落地，是城市更新工作中至关重要的一环。本文以武汉市白沙滨江产城融合片为例，探索更新单元实施方案交通专项规划的内容和技术要点，为国内同类项目提供参考借鉴。

【关键词】更新单元；实施方案；交通规划；探索；思考

【作者简介】

李丹，女，学士，武汉市政工程设计研究院有限责任公司，主任工程师，高级工程师。电子邮箱：76055479@qq.com

杜云峰，男，硕士，武汉市政工程设计研究院有限责任公司，主任工程师，工程师。电子邮箱：99015298@qq.com

王欣，女，硕士，武汉市政工程设计研究院有限责任公司，工程师。电子邮箱：3370164936@qq.com

城市更新背景下北京市首钢园区域交通治理研究

董杨慧　夏　天　张颖达　刘雪杰

【摘要】首钢园作为北京城市更新的标志性项目，其战略定位经历了从传统工业基地向高端产业综合服务区的转型，并逐步确立了“新时代首都城市复兴新地标”的核心目标。在此过程中，首钢园关注度不断提高，吸引力逐步增强，交通发展面临与园区定位不匹配的问题。为了更好地支撑国家级产业转型发展示范区建设，特开展首钢园区域交通治理研究。本文提出以实现“对外快速联系、对内畅通舒适”为目标，以“集约高效、衔接顺畅、品质街区”为发展方向，以及对外公共交通提升、对内道路精细化设计、内外交通转换节点优化三大提升策略，以期打通“经脉”，高质量助力区域交通发展。

【关键词】首钢园；交通治理；精细化；品质街道

【作者简介】

董杨慧，女，硕士，北京交通发展研究院，高级工程师。电子邮箱：dyh6033@163.com

夏天，女，硕士，北京交通发展研究院，高级工程师。电子邮箱：xiatian8611@163.com

张颖达，男，硕士，北京交通发展研究院，工程师。电子邮箱：136080369@qq.com

刘雪杰，女，硕士，北京交通发展研究院，教授级工程师。电子邮箱：99168733@qq.com

基于城市更新的校前交通安全协同治理

贾胜勇　戴　帅　李　石

【摘要】公众通常将校前交通秩序紊乱及交通事故高发简单归咎于公安交通管理部门，却未充分考量学校选址、周边路网架构、出入口设计以及停车配建等规划要素。本文基于国土空间规划视角，深入剖析国内多地学校的实际案例，探究如何融入城市更新进程，运用协同治理模式，补齐学校空间规划选址的短板，优化周边路网、学校出入口、停车配建以及完善校前安全设施等，系统性解决校前交通安全与通行顺畅问题，旨在为优化校前交通状况提供新的思路与方法。

【关键词】城市更新；空间规划；校前交通安全；协同治理

【作者简介】

贾胜勇，男，硕士，大连市公安局交通警察支队，教导员，警务技术四级主任。电子邮箱：1693119197@qq.com

戴帅，女，博士，公安部道路交通安全研究中心，副主任，研究员。电子邮箱：13601258066@126.com

李石，男，学士，辽宁省公安厅交通管理局，支队长，副处级。电子邮箱：lishi615@126.com

存量背景下老城区快速路拥堵治理对策研究

——以北京市三环快速路为例

夏　天　刘雪杰　张颖达　于　云　林　旭　胡乃文

【摘要】城市快速路是城市骨干交通网络的重要组成部分，也是支撑老城区对外联系与交流的必要条件。近年来，随着私家车保有量迅速增长、城市职住分离日益突出，以及老城区快速路两侧用地不断更新及高密度开发，老城区快速路拥堵现象愈演愈烈，直接影响城市高质量发展。本文系统分析了国内大城市老城区快速路的发展特点，以北京市三环快速路为例，总结了老城区快速路交通拥堵特征和主要存在问题，结合老城区存量更新背景，从快速路入口组织管理、地面出入口设计、上下游节点管控、公交设施布局、主路能力扩容、替代交通构建以及出行需求调控七个方面，提出快速路拥堵治理对策建议，为类似区域的快速交通可持续发展提供借鉴参考。

【关键词】城市快速路；老城区；拥堵治理；交通治理

【作者简介】

夏天，女，硕士，北京交通发展研究院，高级工程师。电子邮箱：xiatian8611@163.com

刘雪杰，女，博士，北京交通发展研究院，交通规划所所长，正高级工程师。电子邮箱：99168723@163.com

张颖达，男，硕士，北京交通发展研究院，工程师。电子邮

箱：136080369@qq.com

于云，男，博士，北京交通发展研究院，高级工程师。电子邮箱：yuyun@bjtrc.org.cn

林旭，男，硕士，北京交通发展研究院，工程师。电子邮箱：752497757@qq.com

胡乃文，女，硕士，北京交通发展研究院，工程师。电子邮箱：christie_a@163.com

农村道路和农村公路规划管理优化路径研究

高于越　舒　心

【摘要】农村道路和农村公路是乡村振兴战略的重要支撑，对推动城乡融合发展、提升农村居民出行条件、促进农业农村现代化具有重要作用。然而，当前农村道路和农村公路的规划管理仍面临诸多挑战，如分类界定不清、规划管理体系不完善、用地审批困难等。本文结合重庆市农村道路和农村公路规划管理的现状，分析存在的问题及其成因，并提出优化路径，包括明确道路分类、完善管理机制、优化用地审批流程、引入现代化技术手段以及加强资金保障等，以期为提升农村道路规划管理水平提供参考。

【关键词】农村道路；城乡融合；规划管理；用地管理

【作者简介】

高于越，女，硕士，重庆市交通规划研究院，工程师。电子邮箱：244215099@qq.com

舒心，男，硕士，重庆市交通规划研究院，工程师。电子邮箱：410556356@qq.com

城市更新背景下的交通治理提升策略研究

——以重庆市嘉陵江两岸为例

鲍燕妮　蔡逸峰　郑明伟　蒋相华

【摘要】嘉陵江两岸是重庆“两江四岸”治理提升重点区域之一，同其他在城市更新背景下区域环境整治项目一样，面临着现状交通瓶颈和建成区的制约。本文通过对嘉陵江两岸交通及区域路网特征的分析，揭示现状交通存在问题，并结合城市更新综合治理提升目标和总体思路，提出了因地制宜的特色交通改善治理策略，供大家参考。

【关键词】城市更新；滨江；交通治理；策略

【作者简介】

鲍燕妮，女，硕士，中国，同济大学建筑设计研究院（集团）有限公司，正高级工程师。电子邮箱：183416552@qq.com

蔡逸峰，男，硕士，同济大学建筑设计研究院（集团）有限公司，集团副总工程师，教授级高级工程师。电子邮箱：3415965753@qq.com

郑明伟，男，硕士，同济大学建筑设计研究院（集团）有限公司，高级工程师。电子邮箱：309055695@qq.com

蒋相华，男，硕士，同济大学建筑设计研究院（集团）有限公司，副院长，正高级工程师。电子邮箱：1341488554@qq.com

轨道交通引领老城街区城市更新的规划实践

吴宁宁　张雪丹　吴　醒　肖逸影

【摘要】实施以轨道交通为核心的交通发展策略、引领带动老城街区城市更新，是推动轨道交通与城市更新协调、共赢发展的重要途径。本文以武汉市汉正街城市更新片区为例，探讨城市更新与轨道交通在不同圈层、阶段、具体方案的一体化协同发展规划，深入剖析当前老城区城市更新面临的主要问题和解决思路，通过现状特征识别、城市更新和上位规划解读、交通承载力分析、交通发展趋势研判等，明确城市更新规划阶段的交通发展策略和重点任务。研究将城市更新工作与轨道交通线路优化、站点工程规划、综合交通衔接优化、街区品质提升等措施相结合，全面落实"轨道引领、以人为本"的城市更新区交通发展理念。

【关键词】轨道交通；城市更新；交通承载力

【作者简介】

吴宁宁，女，硕士，武汉市规划研究院（武汉市交通发展战略研究院），副高级工程师。电子邮箱：whjty_wnn@qq.com

张雪丹，女，硕士，武汉市规划研究院（武汉市交通发展战略研究院），副高级工程师。电子邮箱：297324295@qq.com

吴醒，男，硕士，武汉市规划研究院（武汉市交通发展战略研究院），副高级工程师。电子邮箱：wuxing@wpdi.cn

肖逸影，女，硕士，武汉市规划研究院（武汉市交通发展战略研究院），副高级工程师。电子邮箱：xiaoyiying@wpdi.cn

基金项目：武汉市交通强国建设试点科技联合项目“武汉都市圈1小时通勤圈发展研究”（2023-2-3）

超大城市综合交通体检评估系统建设方法研究

胡 沛 马 山 白 钰

【摘要】本文以天津市为例，分析当前城市体检工作中的不足，特别是交通系统评估存在指标分散、体系凌乱、广度不够等问题，借鉴相关研究经验，提出了一套适用于超大城市的综合交通体检评估方法。该方法以“便捷舒适、安全有序、共享协调、绿色集约、活力开发”五大目标为导向，构建了涵盖12个交通子系统，包含133个体征指标和64个核心评价指标的“5+10+64”三级指标体系。在评估机制上，创新指标阈值设定方法和权重赋值方法，提出基于层次分析—熵权组合赋权的多指标综合评估算法。研究结果表明，该方法能够较为全面地反映超大城市综合交通系统的运行状况与发展水平，为城市交通规划、建设、管理与运营提供决策支持，对推动超大城市交通的高质量发展具有重要的理论意义和实践价值。

【关键词】城市体检；超大城市；层次分析法；数字平台；综合治理

【作者简介】

胡沛，男，硕士，天津市城市规划设计研究总院有限公司，工程师。电子邮箱：tupdi_hp@163.com

马山，男，硕士，天津市城市规划设计研究总院有限公司，高级工程师。电子邮箱：376578347@qq.com

白钰，男，硕士，天津市城市规划设计研究总院有限公司，正高级工程师。电子邮箱：443511041@qq.com

05 交通新业态与新技术

新质生产力背景下高铁快运规划探索

——以重庆市为例

陈 聪

【摘要】交通物流对培育新质生产力具有战略牵引作用。在当前积极发展新质生产力的背景下，充分发挥高铁网络的优势，积极探索高铁快运的规划布局及实施策略，为高新产业布局提供物流支撑。“十五五”期间，重庆将形成超“米”字形高速铁路网络，高铁快运具备良好路网条件。本文结合重庆市国土空间规划、高铁枢纽布局情况，预测了2035年高铁货运需求，并从高铁路网条件、选址用地条件、集疏运条件、物流配送产业、适配产业条件、工程经济性等方面研究了高铁快运布局及组织方案，提出下一步实施对策，为新质生产力发展壮大提供重要的孵化平台和物流支撑。

【关键词】新质生产力；高铁快运；规划探索；重庆市

【作者简介】

陈聪，男，硕士，重庆市交通规划研究院，高级工程师。电子邮箱：792268915@qq.com

供需视角下新能源汽车快速充电设施空间布局优化研究

——以武汉市洪山区为例

邹 游 郭永傲 赵颖超 黄艳雁 李博闻

【摘要】新能源汽车的推广使用对于减少空气污染，实现碳达峰、碳中和目标，推动经济高质量发展具有重要意义，然而当前大城市新能源汽车快速充电设施普遍存在空间分布不均衡、不合理等问题。本文以武汉市洪山区为例，利用GIS网络分析法、渔网分析法、实地调研等多种方法，从充电站供给和居民需求两方面出发，对2023年洪山区现状充电桩数据与常住人口数据、居民小区、POI数据等进行空间分析；从现状充电设施服务覆盖、需求强度、场地建设或改造成本、交通便利性四个方面研究快速充电设施选址，并通过专家打分法确定权重，对选址点进行评分排序；最终得出基于供需匹配的快速充电设施优化布局方案。本研究提出的选址路径，可为新能源汽车相关专项规划及政策制定提供参考。

【关键词】新能源汽车；快速充电设施；空间布局优化；供需视角；武汉市洪山区

【作者简介】

邹游，男，博士，湖北工业大学土木建筑与环境学院，湖北工业大学，讲师。电子邮箱：yzou@hbut.edu.cn

郭永傲，男，学士，湖北工业大学土木建筑与环境学院，研究助理。电子邮箱：402413792@qq.com

赵颖超，女，本科生，湖北工业大学土木建筑与环境学院。电子邮箱：2086365347@qq.com

黄艳雁，女，硕士，湖北工业大学土木建筑与环境学院，副院长，教授。电子邮箱：645187499@qq.com

李博闻，男，博士，湖北省数字产业发展集团有限公司，高级工程师。电子邮箱：libowenhome@sina.com

基金项目：科学技术部国家外国专家项目“电动汽车充电设施规划及布局研究”（G2023027008L）

考虑多网融合的武汉市充电设施规划探索与实践

陈　霞　刘春艳　路　静　曹珲茹

【摘要】充电设施既是用电设施，也是交通服务设施。城市充电设施布局规划作为交通基础设施建设的重要组成部分，不仅是支撑新能源汽车产业发展的基础，也是电力与交通系统规划协调的关键。本文从车、桩、电网“三网融合”的角度出发，基于现状新能源汽车产业、充电设施供需特征，提出分区、分类、分级的充电设施差异化规划布局方法体系，并以武汉市充电设施规划为例进行了实践应用。

【关键词】多网融合；新能源；充电设施；规划布局；需求预测

【作者简介】

陈霞，女，硕士，武汉市规划研究院（武汉市交通发展战略研究院），高级工程师。电子邮箱：1129275814@qq.com

刘春艳，女，硕士，武汉市规划研究院（武汉市交通发展战略研究院），助理工程师。电子邮箱：2436071971@qq.com

路静，女，硕士，武汉市规划研究院（武汉市交通发展战略研究院），高级工程师。电子邮箱：39035217@qq.com

曹珲茹，女，硕士，武汉华源电力设计院有限公司，工程师。电子邮箱：623315329@qq.com

谋高铁快运样板，树共同富裕示范

周　韬　杜　璇　祝诗蓓

【摘要】当前我国居民消费需求向高品质、低延时方向不断升级的特征日趋明显，对物流体系的要求也越来越高。高铁快运在时效性、可靠性等方面具有其他货运方式无法比拟的优势，在国家政策引导下发展方兴未艾。浙江省是电商大省和快递大省，同时也是国家共同富裕示范区，发展高铁快运潜力巨大、意义深远。建议紧抓历史机遇，提前布局相关软硬件系统建设，并谋划以甬舟铁路为载体，打造高铁快运高质量发展样板，不断释放交通物流领域新质生产力。

【关键词】高铁快运；共同富裕；物流；新质生产力

【作者简介】

周韬，男，硕士，浙江数智交院科技股份有限公司，综合规划院运输所副所长，高级工程师。电子邮箱：726374074@qq.com

杜璇，女，硕士，浙江数智交院科技股份有限公司，高级工程师。电子邮箱：89123918@qq.com

祝诗蓓，男，硕士，浙江省发展规划研究院，高级工程师。电子邮箱：1606626455@qq.com

城市热门景区冬季交通系统优化策略研究

——以哈尔滨冰雪大世界为例

单博文　白仕砚

【摘要】本文聚焦城市热门景区冬季交通系统优化，以哈尔滨冰雪大世界为研究对象。随着冬季旅游的火爆，景区交通压力日益凸显。通过实地调研，深入剖析冰雪大世界交通系统现状问题，结合以往城市冬季交通问题，进行交通痛点问题溯源分析，借鉴国内外景区交通优化案例，从交通设施优化、交通组织优化、加强停车管理等方面提出针对性策略，旨在缓解景区冬季交通拥堵、提升游客体验，为其他城市热门景区冬季交通系统优化提供参考。

【关键词】热门景区；冬季交通；优化策略

【作者简介】

单博文，男，硕士，哈尔滨市城乡规划设计研究院，交通规划所副所长，正高级工程师。电子邮箱：superka@163.com

白仕砚，男，学士，哈尔滨市城乡规划设计研究院，副院长，正高级工程师。电子邮箱：13945076088@139.com

城市综合立体交通网背景下的交通新业态规划研究

——以武汉市光谷生态大走廊为例

余金林　严　飞　李海军　彭武雄　张子培　罗天玥　吕华明

【摘要】为推进交通与国土空间开发保护、产业升级、新型城镇化协调发展，本文以构建新型城市综合立体交通网为抓手，通过总结国内外交通新业态发展趋势和路径，研究交通新业态在城市综合立体交通网建设中的应用。以武汉市光谷生态大走廊为例，对区域人群进行画像分析，提出基于需求导向的交通新业态规划方案，形成“光谷空轨＋低空经济＋自动驾驶”的交通新业态出行服务体系，提升交通可达性和体验感，助力推动城市交通高质量发展。

【关键词】立体交通；交通新业态；光谷空轨；智能网联；低空经济

【作者简介】

余金林，男，硕士，武汉市规划研究院（武汉市交通发展战略研究院），工程师。电子邮箱：921458062@qq.com

严飞，男，硕士，武汉市规划研究院（武汉市交通发展战略研究院），高级工程师。电子邮箱：yanfei@wpdi.cn

李海军，男，硕士，武汉市规划研究院（武汉市交通发展战略研究院），正高级工程师。电子邮箱：lihaijun@wpdi.cn

彭武雄，男，硕士，武汉市规划研究院（武汉市交通发展战略研究院），正高级工程师。电子邮箱：pengwuxiong@wpdi.cn

张子培，男，硕士，武汉市规划研究院（武汉市交通发展战略研究院），高级工程师。电子邮箱：zhangzipei@wpdi.cn

罗天玥，男，硕士，武汉市规划研究院（武汉市交通发展战略研究院），工程师。电子邮箱：luotianyue@wpdi.cn

吕华明，男，硕士，武汉市规划研究院（武汉市交通发展战略研究院），高级工程师。电子邮箱：lvhuaming@wpdi.cn

低空经济背景下城市起降设施布局规划策略研究

——以苏州昆山市为例

黄文妍

【摘要】作为新质生产力的重要代表，低空经济对区域经济的发展贡献突出。随着低空经济的蓬勃发展，城市低空交通网络建设得到更广泛的关注。不同于传统的公共交通设施，低空起降设施是陆空交通相衔接的关键部分，也是构建城市低空立体交通网络的重要组成之一。苏州作为国家低空经济发展的示范区，正超前布局低空经济基础设施。本文以苏州昆山市为例，对低空经济发展下的城市起降设施布局规划进行研究，并对昆山低空起降设施发展基础和现状问题展开分析，从衔接上位规划、区域协同联动、构建起降设施体系、服务多元场景、科学选址和完善配套设施几个方面提出规划策略，以期对城市低空起降设施布局规划提供思路和参考。

【关键词】低空经济；昆山市；城市起降设施布局；规划策略

【作者简介】

黄文妍，女，硕士研究生，苏州科技大学。电子邮箱：1559173500@qq.com

基于改进蚁群算法的MaaS出行路径优化研究

张　薇　景国胜　欧阳剑　顾宇忻

【摘要】针对 MaaS 研究中对用户行为多样性和动态环境影响的忽视，本研究建立了一个综合经济、时间和舒适度因素的广义费用模型，特别考虑了换乘惩罚成本和天气对舒适度的影响。通过改进蚁群算法，增强了全局搜索能力，避免了过快收敛和局部最优，实现了个性化出行方案的定制。在广州市番禺区的应用结果表明，该模型能有效辅助出行者基于不同需求作出最优决策，验证了模型的实用性和有效性。

【关键词】出行即服务；广义费用模型；蚁群算法；路径优化

【作者简介】

张薇，女，博士，广州市交通规划研究院有限公司，广东省可持续交通工程技术研究中心，高级工程师。电子邮箱：275570550@qq.com

景国胜，男，硕士，广州市交通规划研究院有限公司，广东省可持续交通工程技术研究中心，教授级高级工程师。电子邮箱：1049319342@qq.com

欧阳剑，男，硕士，广州市交通规划研究院有限公司，广东省可持续交通工程技术研究中心，高级工程师。电子邮箱：1131551023@qq.com

顾宇忻，女，硕士，广州市交通规划研究院有限公司，广东省可持续交通工程技术研究中心，高级工程师。电子邮箱：

99647705@qq.com

基金项目：广州市交通规划研究院有限公司科技基金项目“数据驱动的时空推演城市活动模型研究”（KYHT-2023-01）；广州市越秀区文化广电旅游体育局研究课题“海丝历史文化街区慢行交通优化提升方案研究”（2024YXZTYJ15）

乡村风景道专项规划逻辑框架研究

——以广州市为例

杨　建　李思雨　汪振东

【摘要】乡村风景道作为城市交通系统中的重要组成，是发现与重塑乡村经济、生态、文化价值的重要路径，也是推进乡村振兴、高质量发展的新途径。而目前罕见关于乡村风景道逻辑框架研究，且国土空间规划体系中交通专项规划也未涵盖这一类型，故开展乡村风景道专项规划逻辑框架研究。本文首先探讨乡村风景道专项规划的特点，指出其在规划目的、建设内容、实施计划方面与既有交通专项规划存在差别。然后构建专项规划逻辑框架，一是分析乡村资源总体空间结构，构建“主线—支线—联络线”三级网络体系，促进城乡融合发展；二是规定建设内容包含道路设施、配套设施和旅游产品等，为使用者提供高品质服务；三是结合乡村发展需求等因素，制定实施计划，助推项目实施。最后以广州市为例进行实践。研究成果可为其他城市或地区编制类似规划提供参考。

【关键词】乡村风景道；专项规划；逻辑框架；乡村振兴

【作者简介】

杨建，男，硕士，广州市交通规划研究院有限公司，广东省可持续交通工程技术研究中心，交通规划一所部长，高级工程师。电子邮箱：534091729@qq.com

李思雨（通信作者），女，硕士，广州市交通规划研究院

有限公司，广东省可持续交通工程技术研究中心。电子邮箱：15820799591@163.com

汪振东，男，学士，广州市交通规划研究院有限公司，广东省可持续交通工程技术研究中心，交通规划所（道路工程所）副所长（主持工作），高级工程师。电子邮箱：28035955@qq.com

基金项目：广州市交通规划研究院有限公司科技基金项目“城市交通与国土空间利用互动评价技术研究”（KYHT-2024-02）

低空经济发展背景下武汉市规划的探索与实践

彭武雄　李海军　严　飞　罗小芹

【摘要】低空经济作为国家战略性新兴产业，正成为推动城市高质量发展的重要引擎。武汉市凭借其产业基础、科研资源与政策优势，率先开展低空经济规划与实践，探索“空天地一体化”发展模式。本文以武汉市为研究对象，系统分析其低空经济的发展基础、规划路径与实践成果，总结面向低空规划的“五位一体”发展策略，并提出未来与规划相关产业融合、场景落地等关键建议。研究结果表明，武汉市通过整合资源、形成规划体系、优化空间布局、构建数字平台，已形成可复制的低空经济发展经验，为其他城市提供重要参考。

【关键词】低空经济；武汉市；规划赋能；“五位一体”

【作者简介】

彭武雄，男，硕士，武汉市规划研究院（武汉市交通发展战略研究院），交通仿真中心总工程师，正高级工程师。电子邮箱：21040843@qq.com

李海军，男，硕士，武汉市规划研究院（武汉市交通发展战略研究院），副院长，正高级工程师。电子邮箱：Lihaijun @wpdi.cn

严飞，男，硕士，武汉市规划研究院（武汉市交通发展战略研究院），交通仿真中心主任，高级工程师。电子邮箱：niceyf@qq.com

罗小芹，女，博士，武汉市规划研究院（武汉市交通发展战略研究院），工程师。电子邮箱：810061761@qq.com

考虑气温条件的省域新能源汽车出行需求预测

叶正浩　何佳玮　蔡红兵　丁　剑　刘歆余

【摘要】基于随机森林模型和灰色模型，本文建立了考虑气温条件的新能源汽车出行需求预测模型。通过分析高速公路收费数据，挖掘2021年到2023年浙江省各地市（区县）之间的新能源汽车历史出行需求和出行路径，并收集同一时间的天气温度、经济人口发展状况和新能源汽车保有量数据，建立随机森林模型，预测不同出行距离（短、中、长）下的出行需求。鉴于新能源汽车的发展正处于快速增长阶段，因此使用灰色模型来预测未来各个地市的新能源汽车保有量。最后分别模拟2025年正常气温和恶劣气温下全省OD和特定OD下的新能源出行需求变化。结果表明，恶劣气温会对新能源的出行需求产生影响，长距离出行受到的影响最大；同时恶劣气温的分布位置对出行需求的影响也有所不同，影响程度为：起终点恶劣气温>起点恶劣气温>终点恶劣气温。

【关键词】新能源汽车；出行需求预测；随机森林模型；气温

【作者简介】

叶正浩，男，硕士，浙江数智交院科技股份有限公司/综合交通运输理论交通运输行业重点实验室，助理工程师。电子邮箱：269641607@qq.com

何佳玮，男，博士，浙江数智交院科技股份有限公司/综合交通运输理论交通运输行业重点实验室，综合规划研究院总工程

师，正高级工程师。电子邮箱：hejiawei@zjic.com

蔡红兵，男，硕士，浙江数智交院科技股份有限公司 / 综合交通运输理论交通运输行业重点实验室，正高级工程师。电子邮箱：caihb@zjic.com

丁剑，男，硕士，浙江数智交院科技股份有限公司 / 综合交通运输理论交通运输行业重点实验室，工程师。电子邮箱：dingjian@zjic.com

刘歆余，女，硕士，浙江数智交院科技股份有限公司 / 综合交通运输理论交通运输行业重点实验室，高级工程师。电子邮箱：liuxy@zjic.com

基金项目：浙江省交通运输厅科技计划项目“复杂环境下公路水运运输网韧性评价研究”（2024021）

长春市网约车出行特征及出行需求影响因素分析

关可汗　赵小辉　刘娟娟

【摘要】近十年网约车已经成为人们重要的出行方式，占公共交通出行的比重逐年提高。分析网约车订单数据能够识别城市热点区域、人口流动趋势，对城市交通规划具有指导和借鉴意义。本文以长春市中心城区全样本的网约车数据为研究对象，借助百度路径规划算法，获得出行轨迹和耗时，进而从出行时间、距离和空间联系角度分析网约车出行特征。然后采用多尺度地理加权回归方法，选取餐饮场所、轨道交通站点、公交站点、居住人口密度、房价信息，分析其对长春市网约车出行需求影响程度，最后根据分析作用结果给出相关结论。

【关键词】网约车订单；运行特征；出行需求；影响因素；多尺度地理加权回归

【作者简介】

关可汗，男，硕士，长春市规划编制研究中心（长春市城乡规划设计研究院），高级工程师。电子邮箱：kekegkh@yeah.net

赵小辉，女，硕士，长春市规划编制研究中心（长春市城乡规划设计研究院），工程师。电子邮箱：zhaoxh19930108@163.com

刘娟娟，女，硕士，长春市规划编制研究中心（长春市城乡规划设计研究院），高级工程师。电子邮箱：liujuanjuan428@163.com

基金项目：山东省自然科学基金项目“网联环境下公交线路共线区间多站点换乘协同机制研究”（ZR2024QG023）

物流通道规划的原则、思路方法研究及在合肥市的应用

王忠强

【摘要】物流枢纽和通道是现代物流体系运作的基础设施。本文针对物流通道开展研究，以物流通道规划中的原则、思路和方法为研究对象。物流通道规划基于运输通道理论、物流供应链管理，与企业物流、社会物流密切相关。新时期物流通道规划的总目标是构建“国内国际双循环物流体系”，本文基于合肥市开展的大物流体系建设规划，总结该市物流通道规划中体现的普适性规划原则和思路方法。提出八条物流通道的规划原则，以及基于“多维四阶段”的物流通道布局技术方法，旨在系统化指导物流通道规划的实施逻辑与具体方法。

【关键词】物流通道；规划原则；思路方法；合肥市

【作者简介】

王忠强，男，博士，上海市城乡建设和交通发展研究院，高级工程师。电子邮箱：wzqqzw2013@163.com

低空经济网交通基础设施选址研究

——以绍兴市为例

陈钢亮　唐建新

【摘要】本文针对低空经济基础设施选址的复杂性与系统性挑战，构建了融合空域可及性、产业需求耦合度、政策兼容性与社会环境接纳度的四维度综合评价模型，提出基于AHP-熵权法的组合赋权方法，并以绍兴市为案例开展模拟研究。研究结果表明：①四维度模型可有效平衡技术可行性、经济效率、政策合规性及社会公平性，综合评分与实地数据吻合度高；②通过有效协同释放低空空域资源，优化布局滨海新区、柯桥轻纺城等节点，推动芯片物流成本降低、纺织时效提升；③动态空域管理与土地政策显著提升选址效率。研究成果为中小城市低空基建规划提供了科学工具与实践范式，助力低空经济高质量发展。

【关键词】低空经济选址；空域可及性；产业需求耦合度；政策兼容性；社会环境接纳度

【作者简介】

陈钢亮，男，硕士，绍兴市国土空间规划研究院，高级工程师。电子邮箱：955233307@qq.com

唐建新，男，学士，绍兴市国土空间规划研究院，交通规划所所长，高级工程师。电子邮箱：9070436@qq.com

地下环道智能管控与自动驾驶应急协同调度

——以重庆市解放碑地下环道为例

黄春翔　李一博　梁锺月　常贵智　袁子程　朱洪洲

【摘要】为应对城市深层地下环道复杂结构与不稳定通信环境对智能交通管控及自动驾驶协同应急调度构成的严峻挑战，本文以重庆市解放碑地下环道为研究对象，基于多源数据采集和融合技术构建实时事件检测与风险分级体系，将突发事件按影响范围和次生危害程度划分为Ⅰ、Ⅱ、Ⅲ、Ⅳ四级。针对地下环境中信号衰减和网络中断问题，设计在线与离线相结合的双模式通信策略，确保在复杂场景下仍能实现高效应急调度。通过SUMO微观交通仿真平台，分别模拟不同等级风险下的事故响应过程，仿真结果表明，随着自动驾驶车辆渗透率的提高，系统疏散效率显著改善，延误时间大幅缩短，从而验证所提分级应急策略在深层地下环道中的适用性。

【关键词】解放碑地下环道；自动驾驶；应急调度；风险分级；SUMO仿真

【作者简介】

黄春翔，男，博士，重庆市设计院有限公司，高级工程师。电子邮箱：277429216@qq.com

李一博，男，博士，重庆交通大学，市政设计三院交通规划所主任。电子邮箱：liyb@mails.cqjtu.edu.cn

梁锺月，女，硕士，重庆市设计院有限公司，工程师。电子邮箱：845851539@qq.com

常贵智，男，硕士，重庆市设计院有限公司，建筑设计六院副总工程师，正高级工程师。电子邮箱：39015223@qq.com

袁子程，男，硕士，重庆市设计院有限公司，助理工程师。电子邮箱：yuanzicheng21@163.com

朱洪洲，男，博士，重庆交通大学，教授。电子邮箱：zhuhongzhouchina@126.com

低空经济时代交通规划发展路径研究探索

——关于重庆市的思考

胡雨林　李毅军　蒋雨洋

【摘要】低空经济作为新质生产力的典型代表，已成为各地竞相发展的新兴战略性产业。低空交通活动是低空经济发展的核心，牵引整个行业发展，而低空交通规划是低空交通活动的必要前提和重要支撑。本文首先梳理了低空交通的演进脉络，将其发展划分为三个阶段。通过解读相关政策文件，明确了低空交通的关键内涵，并结合重庆的本底条件，分析了重庆开展低空交通规划的必要性。随后，分析了深圳、上海、杭州等国内城市在低空交通规划方面的先进发展理念和实践做法，从完善法规政策与工作机制、编制起降设施布局与航路规划、探索场景应用等方面进行了总结。最后，本文提出了低空经济时代交通规划发展的路径思考，研究成果可为其他城市开展低空交通规划研究提供参考和借鉴。

【关键词】低空经济；低空交通；交通规划；重庆市；数字底座

【作者简介】

胡雨林，男，硕士，重庆市交通规划研究院，高级工程师。电子邮箱：269751413@qq.com

李毅军，男，硕士，重庆市交通规划研究院，工程师。电子邮箱：1030599259@qq.com

蒋雨洋，男，硕士，重庆市交通规划研究院，工程师。电子邮箱：2547299964@qq.com

基于应用场景的区域低空经济发展策略研究

蔡思怡

【摘要】当前低空经济正从技术探索迈向场景化、规模化发展的新阶段，急需探索区域特色资源与低空经济的深度融合。既有研究多聚焦于宏观政策解读或技术路径分析，缺乏对特定区域场景化发展策略的针对性探讨。因此，本研究以武汉市长江新区为样本，基于“场景驱动”视角，系统剖析低空经济与区域资源禀赋的协同机制，实施“低空+新区特色”融合工程，涵盖农林生态、城市物流、政务服务以及其他产业融合等多个场景，旨在依托长江新区特色资源，通过场景创新破解低空经济落地难题，为同类型区域提供可复制的经验参考，助力低空经济从“政策热”向“产业实”的深度转化。

【关键词】低空经济；低空应用场景；场景驱动；长江新区

【作者简介】

蔡思怡，女，硕士，武汉市规划研究院（武汉市交通发展战略研究院），工程师。电子邮箱：caisiyi201909@outlook.com

基于GIS的低空应急医疗起降点选址初探

纪佳琳　张越婷　张冰馨　韩一诺

【摘要】在低空经济飞速发展的背景下，无人机的应用场景呈现多元化拓展的趋势，其中在应急医疗服务领域有很大的发展潜力。目前关于无人机起降点及航线规划的研究课题主要聚焦于单个起降点建设或单条航线设计的技术问题，聚焦于物流服务领域，且主要由企业牵头，缺少城市宏观尺度下的研究。本文参考国内外文献及起降点选址方法，结合应急医疗服务功能，总结了一套面向高密度城市的低空应急医疗起降点选址评级体系，并以深圳市为样本城市，从城市宏观尺度下筛选适宜建设区域。在适宜性评价完成后，探索性地借助 K-means 算法进行聚类分析，筛选得到空间分布均匀且适合建设的 40 个起降点，引入城市主干道并以 A* 算法得到初步航线规划。

【关键词】低空经济；应急医疗；无人机起降点选址；城市空中交通

【作者简介】

纪佳琳，女，本科生，华南理工大学。电子邮箱：2148986436@qq.com

张越婷，女，本科生，华南理工大学。电子邮箱：3161276856@qq.com

张冰馨，女，本科生，华南理工大学。电子邮箱：jane361@foxmail.com

韩一诺，女，本科生，华南理工大学。电子邮箱：3025248322@qq.com

面向eVTOL城市空中交通的起降场布局规划研究

王　蕊

【摘要】低空经济作为新质生产力的重要组成部分，成为国内外的关注热点。电力驱动的垂直起降飞行器（electric vertical takeoff and landing aircraft，简称 eVTOL）更进一步地推动了低空经济的发展。起降场作为低空飞行的重要基础设施，既是低空飞行技术落地的关键节点，也是城市交通体系升级的战略支撑。本文面向 eVTOL 城市空中交通的客运服务，针对起降场这一基础设施，归纳分析了起降场的选址影响因素；在此基础上提出了在减量发展的超大城市中，起降场的规划布局要点；最后提出了规划实施建议。研究成果可为下一阶段城市空中交通以及低空经济的发展提供技术支撑。

【关键词】eVTOL；城市空中交通；起降场；布局规划；选址

【作者简介】

王蕊，女，博士，北京市城市规划设计研究院，高级工程师。电子邮箱：16115261@bjtu.edu.cn

新质生产力驱动下景区交通新业态构建研究

——以宁波市东钱湖小普陀景区为例

邵 挺 金 辉

【摘要】《交通强国建设纲要》提出了“培育新业态、发展新质生产力”的政策背景。现有研究多关注传统的交通拥堵治理与交通环境改善，缺乏交通新业态及新质生产力转化路径的探索。本文以宁波市东钱湖小普陀景区为研究对象，系统梳理在“景村共治”场景下，面对区域开发程度低、对外通行能力弱、旅游旺季压力大等问题，着力处理好游客与村民矛盾关系、新质生产力实施传导等方面的内容。有针对性地提出“近远结合”的改善策略，近期采用“需求管理+空间管控+服务提升”的三维管控体系，远期采用“新业态孵化+生产力升级”的双链接模式，加快构建智慧交通体系，形成景区交通与旅游产业协同发展的系统解决方案，为同类型景区交通治理提供参考。

【关键词】景交融合；旅游交通新业态；新质生产力；共同富裕

【作者简介】

邵挺，男，学士，宁波市鄞州区规划设计院，工程师。电子邮箱：332363285@qq.com

金辉，男，硕士，宁波市鄞州区规划设计院，工程师。电子邮箱：527793500@qq.com

适应自动驾驶的智慧道路空间再组织探索

张毅媚　臧天哲

【摘要】自动驾驶技术的发展，给传统的道路交通规划技术带来巨大的机遇和挑战。本文分析了智能网联汽车“单车智能”和“车路协同”两种发展路径的特点，总结了新交通场景下，未来城市交通特征呈现“出行目的多元化、出行模式共享化、停车空间灵活化、交通工具多样化”特征。探索以人为本的多元化智慧道路分类应用场景，提出分级设置、分类应用智慧道路设施布局范式，探索了适应智慧交通工具多样化要求下，道路空间利用模式和道路通行空间再组织方法，为智慧交通背景下道路系统适应城市交通发展提供指引。

【关键词】自动驾驶；智慧道路；道路空间

【作者简介】

张毅媚，女，博士，上海市上规院城市规划设计有限公司，上海市城市规划设计研究院，高级工程师。电子邮箱：zym_hust@163.com

臧天哲，男，硕士，上海市上规院城市规划设计有限公司，上海市城市规划设计研究院，工程师。电子邮箱：zym_hust@163.com

基于游客视角的烟台市交旅融合发展研究

崔佳杉　陈彦伟　曲云鹏　姚伟奇　于　杰

【摘要】随着我国全面进入大众旅游时代，交旅融合成为推动旅游业转型升级的核心路径。本文以旅游城市烟台为例，在识别交旅融合面临的现状问题的同时，基于游客出行视角，分析大交通到达和自驾出行两类游客对交通的核心诉求，提出多式联程旅游交通网络构建、旅游旺季热点地区差异化交通组织、多模式交通工具和交通设施文旅化转型等发展策略，为两类游客提供交通可达性高、与景区环境相协调、优质交通服务的旅游出行体验。研究成果为编制构建游客旅游全出行链、提升旅游出行体验、促进交通与旅游产业高质量融合的旅游交通发展规划提供参考。

【关键词】交旅融合；快进慢游；交通体系；多式联程

【作者简介】

崔佳杉，女，硕士，中国城市规划设计研究院，助理工程师。电子邮箱：jiashancui@yeah.net。

陈彦伟（通信作者），男，硕士，烟台市规划设计院（烟台市城市规划编研中心），高级工程师。电子邮箱：394652116@qq.com

曲云鹏，男，学士，烟台市规划设计院（烟台市城市规划编研中心），工程师。电子邮箱：qyprc126@126.com。

姚伟奇，男，硕士，中国城市规划设计研究院，高级工程师。电子邮箱：116197698@qq.com。

于杰，男，硕士，中规院（北京）规划设计有限公司，工程师。电子邮箱：414553959@qq.com。

城市电动汽车超充站发展策略研究

——以北京市为例

王文成　张　鑫　何　青　郑　猛

【摘要】随着电动汽车充电技术的发展，超级充电（超充）设施建设逐步在各大城市铺开。与慢充设施和普通快充设施不同，超充设施充电用时较短，这也决定了其适用场景与慢充和普通快充不同。本文梳理了超充设施的定义，初步研判了未来适用超充的电动汽车发展趋势，分析了电动汽车补能特征，明确了超充站功能定位，最终提出了超充设施的发展建议。本文为城市电动汽车超充设施的规划与建设提供参考。

【关键词】电动汽车；超充设施；北京市

【作者简介】

王文成，男，博士，北京市城市规划设计研究院，高级工程师。电子邮箱：wangwencheng@bjghy.com

张鑫，男，硕士，北京市城市规划设计研究院，教授级高级工程师。电子邮箱：13810647303@139.com

何青，女，博士，北京市城市规划设计研究院，高级工程师。电子邮箱：qinghe1011@163.com

郑猛，男，学士，北京市城市规划设计研究院，教授级高级工程师。电子邮箱：sd_zhengmeng@163.com

支撑食品供应链的物流设施优化策略

——从纽约市实践中汲取的经验

赵　莉

【摘要】物流设施是保证食品供应链安全效率的关键基础设施。本文在分析支撑食品供应链的城市物流发展趋势与挑战的基础上，着重以纽约市为案例，探讨了纽约市是如何从实现食品供应链的安全公平出发来考虑城市物流系统的配置，并凝练了食品物流设施规划配置策略，包括基于供应链视角的研究思路；引导构建“局域短链”，来消减长距离运输、实现食品供应的降本增效；食品物流设施配置需要考虑均等化和邻近性原则；积极改善水运和铁路等设施条件，引导食品运输向集约、绿色方式转变。

【关键词】食品供应链；物流设施；优化策略；纽约市

【作者简介】

赵莉，女，博士，中国城市规划设计研究院，高级工程师。电子邮箱：86583733@qq.com

面向15分钟城市：微交通的概念、机理与实践

刘兴华　李　晔　包璟珏　刘宗石　叶　倩　樊　婧

【摘要】针对当前城市面临的交通拥堵、能源消耗、环境污染、疾病传染等多重挑战，15分钟城市愿景重获关注，即通过重塑城市空间布局和优化交通系统，使居民能在15分钟内通过步行、骑行及公交等绿色出行方式获取基本生活服务。作为一种小型、低速、灵活的出行方式，微交通将成为实现15分钟城市愿景的核心驱动力。因此，本研究详细分析了微交通的概念界定、分类体系、基本特征和影响因素，并按照“网—线—点”维度讨论了如何在城市更新背景下通过优化网络、路段、交叉口等基础设施和重新分配街道空间来提升微交通出行品质，同时强调在物理、运营、支付、票务、机构、规范等方面将其整合到“四网融合”战略中，实现微交通与步行及公交的多方式联动，以最大限度地发挥其优势。

【关键词】城市交通；微交通；15分钟城市；城市更新；“四网融合”

【作者简介】

刘兴华，男，博士研究生，同济大学。电子邮箱：1910893@tongji.edu.cn

李晔，男，博士，同济大学，教授。电子邮箱：jamesli@tongji.edu.cn

包璟珏，男，博士研究生，同济大学。电子邮箱：baojingjue@tongji.edu.cn

刘宗石，男，博士研究生，同济大学。电子邮箱：chuochuoliu@tongji.edu.cn

叶倩，女，博士，交通运输部规划研究院，工程师。电子邮箱：yeqian122@163.com

樊婧，女，博士，中铁第一勘察设计院集团有限公司，工程师。电子邮箱：jing.fan@tongji.edu.cn

存量发展时期低空设施协同规划初探

胡　丰　蔡燕飞　张文娜　闫浩然

【摘要】随着低空经济时代的到来，原有城市重大基础设施规划对于低空设施的规划预留不足等问题突显，尤其是用地紧约束的城市，新增低空设施空间的难度更大。本文通过梳理低空设施的类型及需求，并以深圳五和枢纽为例，结合既有重大交通设施的可利用低效空间，挖掘低空设施的规划预留，为落实低空设施规划、打造空轨地一体化服务场景提供前沿探索。

【关键词】空轨地一体化；空地协同设施；低空经济；空间资源利用

【作者简介】

胡丰，男，硕士，中国铁路设计集团有限公司，高级工程师。电子邮箱：18872048@qq.com

蔡燕飞，女，硕士，中国城市规划设计研究院深圳分院，高级工程师。电子邮箱：12642918@qq.com

张文娜，女，硕士，中国城市规划设计研究院深圳分院，工程师。电子邮箱：327127294@qq.com

闫浩然，男，硕士，中国城市规划设计研究院深圳分院，工程师。电子邮箱：306501710@qq.com

低空与城市交通融合发展框架研究
——以烟台市为例

崔佳杉　苏苑英　姚伟奇　张述雅　刘　冉　赵珺玲

【摘要】本文通过系统分析国内外城市低空发展经验，构建基于多维场景驱动、基础设施协同、空域动态调配的低空交通与城市综合交通系统融合发展框架。从安全—效率—经济三大价值维度，划分生产服务、公共消费与应急保障三类场景；建立“枢纽—场站—节点”低空客货运基础设施网络体系，提出存量设施复合利用与新型基建空间集成策略；通过“垂直分层—动态调配”优化空域使用，实现航路航线与地面交通基础的动态匹配。发展框架的应用可提升末端物流可达性、强化跨区域通勤服务能力、增强应急救援响应时效，促进传统地面—地下城市交通向空中—地面—地下立体化跃迁。

【关键词】交通规划；城市交通；低空经济；低空场景；低空设施；低空空域

【作者简介】

崔佳杉，女，硕士，中国城市规划设计研究院，助理工程师。电子邮箱：jiashancui@yeah.net

苏苑英（通信作者），女，硕士，烟台市规划设计院，高级工程师。电子邮箱：314465904@qq.com

姚伟奇，男，硕士，中国城市规划设计研究院，高级工程师。电子邮箱：116197698@qq.com

张述雅，女，学士，烟台市规划设计院，助理工程师。电子邮箱：397896485@qq.com

刘冉，女，硕士，中国城市规划设计研究院，助理工程师。电子邮箱：563491053@qq.com

赵珺玲，女，学士，中国城市规划设计研究院，工程师。电子邮箱：765656120@qq.com

06 公共交通协同与创新

上海轨道交通建设背景下的地面公交融合策略

刘志伟

【摘要】随着上海轨道交通网络的逐渐完善，以原有地面公交为运营主体的模式逐渐发生变化，轨道交通成为解决交通拥堵和提高城市交通效率的重要手段。然而，单纯依靠轨道交通无法满足所有出行需求，地面公交作为轨道交通的补充，具有重要的作用。本文从网络、设施、运营三个方面提出地面公交与轨道交通的融合策略，旨在提高公共交通整体服务水平，增强交通系统的韧性。

【关键词】轨道交通；公交；网络；设施；运营

【作者简介】

刘志伟，男，硕士，上海交通规划设计研究院有限公司，高级工程师。电子邮箱：253066651@qq.com

城市公交站台适老化提升技术要点研究

关士托　任相宇　龚　静　徐骁龙

【摘要】本文分析了老龄乘客群体特征和老龄乘客对于公交站台的服务需求，聚焦当前公交站台在服务老龄乘客方面存在的站台路径不畅、站亭和座椅设施不全、信息发布及获取方式不优等问题，提出了包含消除公交站台缘石高差、优化站台候车环境、协调站点交通方式、创新站台辅助设施等内容的公交站台适老化总体优化策略，主要解决站台通行路径、候车环境优化、交通协调和辅助设施缺失等问题，并进一步明确具体技术要求，建立了公交站台适老化技术体系。研究成果可为城市公交站台的适老化提升提供参考依据。

【关键词】公交站台；适老化；提升；技术要点

【作者简介】

关士托，男，硕士，上海市城市建设设计研究总院（集团）有限公司，工程师。电子邮箱：guanshituo@163.com

任相宇，男，本科生，长安大学。电子邮箱：renxy@163.com

龚静，女，硕士，上海市城市建设设计研究总院（集团）有限公司，高级工程师。电子邮箱：gongj@sucdri.com

徐骁龙，男，硕士，上海市城市建设设计研究总院（集团）有限公司，高级工程师。电子邮箱：xuxl@sucdri.com

基金项目：上海市青年科技启明星计划项目“基于出行即服务（MaaS）的骨干交通系统接驳技术研究”（22YF1432200）

长春市旅游公交线路提升方案研究

刘福生　杨博娜　刘缤璘　蓝子辉　孙国尧

【摘要】长春市旅游业的快速发展，2023 年接待游客量达 1.47 亿人次，旅游收入突破 2411.09 亿元，同比增长显著。然而，现有公交系统存在近郊景区公交覆盖不足、运营时间与旅游需求错配、景区间缺乏高效串联等问题。本研究通过分析长春市旅游发展现状及公交系统现状，提出利用既有公交系统提高运营效率、策划“都市行”“夜游长春”“文化观光”精品旅游线路、通过数据驱动打造智慧旅游出行体验、建立协同管理机制四大改善策略。通过优化公交线路与旅游需求的匹配，能够显著提升长春市旅游公交服务水平，为其他城市提供借鉴。

【关键词】旅游公交；公交优化；“公交 + 文旅”融合；旅游专线

【作者简介】

刘福生，男，硕士，长春市市政工程设计研究院有限责任公司，副总工程师，正高级工程师。电子邮箱：liufusheng888@163.com

杨博娜，女，学士，长春市市政工程设计研究院有限责任公司，工程师。电子邮箱：jiaotongyoung@163.com

刘缤璘，女，硕士，中国第一汽车集团有限公司研发总院，车端系统开发主管，工程师。电子邮箱：371143283@qq.com

蓝子辉，男，学士，长春市市政工程设计研究院有限责任公司，助理工程师。电子邮箱：lanzihuijiang@163.com

孙国尧，男，学士，长春市市政工程设计研究院有限责任公司，工程师。电子邮箱：1206710964@qq.com

基于CRITIC赋权云模型的有轨电车乘坐舒适性评价

许文凯　王朝臣　张欣环　何　俊

【摘要】城市轨道交通是城市发展和交通强国的重要支撑，也是推动城市绿色低碳转型的强劲动力，城市轨道交通乘坐舒适性评价对提升服务质量和城市竞争力具有重要意义。针对现有研究缺乏统一评价指标、传统方法存在主观随机性及未充分考虑环境动态性的问题，本研究提出了CRITIC赋权云模型的综合评价方法。首先通过因子分析法构建多维度评价指标体系，确保指标的科学性和有效性；其次采用CRITIC法对评价指标进行赋权，结合云模型处理评价过程中的模糊性与随机性，实现主客观数据的协同分析，再对比结果云图和标准云图进行综合评价。最后以苏州市有轨电车2号线为案例进行分析，结果表明该方法能定量表征舒适性评价的分散度与分布范围，精准识别关键影响因素，为精细化服务优化提供依据。

【关键词】云模型；乘坐舒适性评价；有轨电车；CRITIC

【作者简介】

许文凯，男，硕士研究生，浙江师范大学。电子邮箱：xuwenkai@zjnu.edu.cn

王朝臣，男，硕士研究生，浙江师范大学。电子邮箱：05118176@zjnu.edu.cn

张欣环，女，博士，浙江师范大学，讲师。电子邮箱：zxh@zjnu.cn

何俊，男，硕士，浙江省玉环市中等职业技术学校，讲师。
电子邮箱：hejun1212@zjnu.edu.cn

轨道交通—公交—慢行三网融合提升

——以长春市为例

杨博娜　刘福生　刘缤璘　蓝子辉

【摘要】在城市化进一步发展的背景下，公交系统的优化已成为提升城市竞争力的关键。长春市自2013年入选全国公交都市建设示范工程创建城市以来，大力发展公交基础设施，2024年轨道交通6号线的开通使轨道交通总里程达到140.8km，为城市交通发展带来新机遇。然而，轨道交通、公交系统和慢行交通之间的融合程度不足、换乘不便、信息不畅等问题依然存在。本研究以长春市轨道交通6号线为例，围绕“轨道—公交—慢行”三网融合模式，提出竞争性公交线路优化、接驳性公交线路优化、公交站点—出租车落客区一体化设计及“轨道交通+多元方式”策略，旨在加强轨道交通与公交、慢行系统的高效衔接，解决市民出行“最后一公里”问题，实现“零距离”接驳与便捷换乘，提升城市交通整体效率与可持续发展能力。

【关键词】三网融合；轨道交通；公交系统；慢行交通

【作者简介】

杨博娜，女，学士，长春市市政工程设计研究院有限责任公司，工程师。电子邮箱：jiaotongyoung@163.com

刘福生，男，硕士，长春市市政工程设计研究院有限责任公司，副总工程师，正高级工程师。电子邮箱：liufusheng888@163.com

刘缤璘，女，硕士，中国第一汽车集团有限公司研发总院，车端系统开发主管，工程师。电子邮箱：371143283@qq.com

蓝子辉，男，学士，长春市市政工程设计研究院有限责任公司，助理工程师。电子邮箱：lanzihuijiang@163.com

轨道成网背景下大城市公共交通发展趋势研判及优化策略研究

——以深圳市为例

颜建新　王　涛　张　彬　葛宏伟　李少龙

【摘要】为了系统性研判并提出基于构建现代化、高效能综合交通体系背景下的公共交通发展战略及实施策略，本研究解析大城市轨道成网后交通出行结构的根本性变化、出行需求关键特征以及面临的新型严峻挑战，在提炼、总结世界级标杆公交都市先进发展模式的基础上，研判大城市未来交通出行模式与公共交通发展趋势。系统性提出以“公共交通为主导”的总体发展战略与交通实施策略，并详细描绘分方式、分阶段的实施路径，以及用地紧约束、运力紧约束情况下的“微创新、微设计、大整合”举措。研究结果为支持深圳先行示范区及交通强国城市范例建设提供科学依据，也为国内其他大城市推进公共交通的可持续发展提供经验借鉴。

【关键词】城市交通；公共交通；一体化融合；TOD；可持续发展

【作者简介】

颜建新，男，硕士，深圳市综合交通与市政工程设计研究总院有限公司，规划二院副院长，高级工程师。电子邮箱：511865660@qq.com

王涛，男，博士，桂林电子科技大学，建筑与交通工程学院院长。电子邮箱：511865660@qq.com

张彬，男，硕士，深圳市综合交通与市政工程设计研究总院有限公司，规划二院院长，教授级高级工程师。电子邮箱：21264687@qq.com

葛宏伟，男，硕士，深圳市综合交通与市政工程设计研究总院有限公司，副总经理，教授级高级工程师。电子邮箱：30183025@qq.com

李少龙，男，硕士，深圳市综合交通与市政工程设计研究总院有限公司，工程师。电子邮箱：1040302726@qq.com

城市存量公交场站复合化利用的杭州探索

魏晓冬　吕　剑　宋文松　杨乐而

【摘要】近年来，国内城市普遍重视新建公交场站的复合化利用，但对存量公交场站更新和复合化利用的关注度不足。存量公交场站建设时间较早，且普遍采取“摊大饼”式的平面布局，自身土地和空间利用效率较低。随着城市地面公交客流的下降，存量公交场站运能富余，场站用不掉、用不好的现象日益普遍，已成为城市低效用地。但由于存量公交场站基本由公交公司以划拨供地的方式拿地建设，在当前规划建设管理体系下，直接进行场站复合化利用还存在较多难点和障碍。本文以杭州市为例，对存量公交场站复合化利用的路径进行探索，提出“策、规、建、管、运”全过程管理理念，并建立指标化的评估体系，科学研判存量场站复合化利用的适宜性，面向实际规划建设审批，对复合化利用过程中可能出现的环保、消防、日照、交通、规划指标、公共服务配套等技术难点进行梳理并提出建议，为存量公交场站再开发提供技术借鉴。

【关键词】存量；公交场站；低效用地；复合化利用

【作者简介】

魏晓冬，男，硕士，杭州市规划设计研究院，交通一室副主任，高级工程师。电子邮箱：274558683@qq.com

吕剑，男，博士，杭州市规划设计研究院，副院长，高级工程师。电子邮箱：33523167@qq.com

宋文松，男，硕士，杭州市规划设计研究院，规划六室副主任，高级工程师。电子邮箱：447047619@qq.com

杨乐而，女，硕士，杭州市规划设计研究院，工程师。电子邮箱：413165412@qq.com

中小城市建成环境对公交出行的影响研究
——以张家港市为例

汪益纯

【摘要】运用多源数据研究建成环境对公交出行行为的影响，对于公交系统优化具有重要参考价值。本文首先回顾国内外在该领域的主要研究成果，其次对用地调查、手机信令、公交刷卡、公交网络等数据整合处理，以公交出行分担率为因变量，运用相关性分析方法，探讨建成环境诸多因素与因变量的相关性及影响程度。研究结论可为中小城市发展有利于公交优先的建成环境、实现公交治理精准施策提供参考。

【关键词】建成环境；公交出行；相关性分析；中小城市

【作者简介】

汪益纯，女，硕士，江苏省规划设计集团有限公司，高级工程师。电子邮箱：332732514@qq.com

基于政务热线数据的天津市公交出行服务问题研究

董　静　马　山　杨　颖　周佳玮

【摘要】随着市民出行需求的日益多样化，以常规公交为主体的公交系统近年来在运营和管理中面临着新的机遇与挑战。政务服务热线作为政府与市民沟通的重要桥梁，为收集市民对公交出行的意见和建议提供了有效渠道。本文以天津市常规公交为研究对象，基于乘客使用者的视角，借助整理分析天津政务服务热线中有关公交出行需求的诉求建议，从线路运行、服务覆盖、驾乘服务和设施管理四个维度，揭示天津市公交系统在运营和管理中暴露的突出问题，以期为提升天津市公交出行服务品质提供思路方向。

【关键词】常规公交；公众诉求；政务热线；出行满意度

【作者简介】

董静，女，硕士，天津市城市规划设计研究总院有限公司，高级工程师。电子邮箱：946918731@qq.com

马山，男，硕士，天津市城市规划设计研究总院有限公司，高级工程师。电子邮箱：mashan@126.com

杨颖，女，硕士，天津市城市规划设计研究总院有限公司，工程师。电子邮箱：yy1995_tj@163.com

周佳玮，女，硕士，天津市城市规划设计研究总院有限公司，工程师。电子邮箱：203850297@qq.com

城市公共交通可持续发展改革思路
——以广州市为例

杜颖新

【摘要】发展城市公共交通是提升土地资源利用率、缓解城市交通拥堵、推动实现“双碳”目标的重要举措。长期以来，国家出台了多项政策措施支持城市公共交通优先发展，并引导市民更多采用城市公共交通出行。但随着交通出行方式日趋多样化，原有城市公共交通出行者部分流失至其他交通系统，常规公交在城市轨道交通分担客流、新能源补贴政策调整等多重影响下，更是逐渐陷入发展困境。城市公共交通改革发展迫在眉睫。本文以广州市为例，重点分析了城市公共交通的发展现状及存在问题，并针对性地从网络规划、票价制式、业务经营三个方面提出了改革思路，旨在突破城市公共交通现有管理模式及运营机制，进一步提升城市公共交通运输服务的吸引力和竞争力，对于政府有关部门及相关运输企业合力推动城市公共交通可持续发展具有积极的指导意义。

【关键词】城市公共交通；可持续发展；规划改革；票制创新；业务拓展

【作者简介】

杜颖新，男，硕士，广州市交通规划研究院有限公司，广东省可持续交通工程技术研究中心，助理工程师。电子邮箱：931424661@qq.com

基金项目：广州市交通规划研究院有限公司科技基金项目“综合交通枢纽高效便捷换乘技术”（KYHT-2023-04）

广州市城市客运交通低碳转型实践与思考

李晓玉　苏跃江　袁敏贤　钟志新

【摘要】城市客运交通出行是城市能源消费和碳排放的重要组成部分。打造绿色低碳城市客运交通体系，对于促进交通运输行业加强生态文明建设以及服务国家“双碳”目标具有重要的意义。本文以广州市为例，对城市客运交通系统绿色低碳转型发展路径进行分析，对2023年城市客运交通系统碳排放量与减碳量进行测算，探讨评估城市客运交通各方式、各措施减碳效果；从推进交通工具能源结构优化、构建高效客运服务体系、提升运输装备能效、开展“交通＋能源”新场景应用、打造碳普惠生态链等方面提出城市客运交通减碳策略，为广州市乃至国内其他城市绿色低碳可持续发展提供参考和借鉴。

【关键词】客运交通；低碳转型；广州市；减碳策略

【作者简介】

李晓玉，女，硕士，广州市交通运输研究院有限公司，高级工程师。电子邮箱：757339676@qq.com

苏跃江，男，博士，广州市交通运输研究院有限公司，副总经理，正高级工程师。电子邮箱：250234329@qq.com

袁敏贤，男，硕士，广州市交通运输研究院有限公司，工程师。电子邮箱：363871254@qq.com

钟志新，男，硕士，广州市交通运输研究院有限公司，信息模型所副所长，高级工程师。电子邮箱：zzx2008jiaotong@163.com

基于活动链理论的哈尔滨市公交出行行为分析

齐厚成

【摘要】近年来，随着城市的快速发展，其面临的交通压力持续增大，优化公交系统、提升服务能力则显得尤为重要。出行行为分析是解决交通问题必要的方式和手段。本文在居民出行调查的基础上，以公交出行者为研究对象，引入活动链理论，构建居民公交出行行为时空特征分析框架。通过数据处理，建立 MNL 模型，对通勤出行和非通勤出行的模式选择行为进行分析，挖掘城市居民通勤、购物、休闲等活动的时空关联性，研究分析居民出行对公交的需求程度和公交的服务范围的关系，对公交线网优化、制定需求管理政策、提升公交服务能力和水平具有重要意义。

【关键词】公交刷卡数据；活动链；MNL 模型

【作者简介】

齐厚成，男，硕士，哈尔滨市城乡规划设计研究院，工程师。电子邮箱：2245788419@qq.com

需求服务导向下的通学定制公交精明设计准则

——武汉市的探索与实践

代　琦　代希腾

【摘要】随着轨道交通线网日趋完善，常规公交客流日趋萎靡，多元定制公交成为城市公交转型创新的主方向。通学定制公交作为定制公交的一种类型，能有效缓解学校周边交通拥堵，减轻家长接送负担，各大城市正在积极探索推广。本文系统梳理了武汉市通学定制公交实施特征与问题，充分借鉴典型城市通学公交发展经验，结合现状通学交通特征与典型行政区、学校通行定制公交意愿特征，深度挖掘用户需求，形成全流程的通学定制公交设计准则，更好地助力常规公交转型，实现绿色出行缓堵保畅，提升通学出行群体的获得感、幸福感和安全感。

【关键词】通学交通；定制公交；交通拥堵；设计准则；发展策略

【作者简介】

代琦，女，硕士，武汉市规划研究院（武汉市交通发展战略研究院），高级工程师。电子邮箱：65263581@qq.com

代希腾，男，硕士，武汉市规划研究院（武汉市交通发展战略研究院），高级工程师。电子邮箱：1152854434@qq.com

改进两步移动搜寻法的厦门市地铁站步行可达性

赵　兰

【摘要】针对地铁站点与居民生活区配置不平衡问题，本文提出了一套基于居民步行到地铁站点时间的高斯两步移动搜寻法模型，从时间分级可达性、居住人口需求、局部空间自相关三个方面对厦门市地铁供需情况进行具体分析。结果表明：① 15min、10min、5min 地铁站步行可达性逐渐减弱，随着步行时间的增加，步行可达性的覆盖范围也随之增加；②地铁 1、2、3 号线有效贯通厦门岛与岛外各区人口高密集区，6 号线站点应南北延伸，以更好地串联同安北部与集美南部；③地铁站点步行可达性较高的区域在空间呈现出明显的聚集状态，将站点分为交通枢纽导向开发型、商业导向开发型、生活服务导向开发型三类，并提出优化意见。本文提出的分析方法可以为地铁空间布局与线网优化提供参考依据，提升地铁站配置公平程度。

【关键词】地铁可达性；两步移动搜索法；大数据

【作者简介】

赵兰，女，硕士研究生，华侨大学。电子邮箱：2358030048@qq.com

新时期北京市通勤市郊铁路规划策略探讨与实践

张思佳

【摘要】在北京市严控增量、减量发展的新阶段，轨道交通从增量规划向高质量规划、从支撑城市发展向引导城市发展转变。研究利用既有铁路资源开行通勤化市郊列车的规划策略，对于落实京津冀协同发展、北京城市总体规划、疏解非首都功能具有重要意义。本文基于北京市郊铁路发展现状，分析、总结当前北京市发展通勤市郊铁路在与城市空间及功能体系协调、与铁路系统的协作及博弈等方面的问题，提出北京市通勤市郊铁路的规划发展策略建议。并以京包铁路廊道利用为例，在剖析其开行通勤列车服务城市的必要性和可行性的基础上，提出西北向通勤市郊铁路规划策略，以期为超大城市利用既有铁路资源发展通勤市郊铁路规划提供参考和借鉴。

【关键词】轨道交通；市郊铁路；规划策略；通勤

【作者简介】

张思佳，女，博士，北京市城市规划设计研究院，高级工程师。电子邮箱：15201326084@163.com

新时期Ⅱ型大城市公交与空间协同

——以泉州市为例

潘盛艺　李　鑫　朱鸿钰

【摘要】当前我国Ⅱ型大城市公交普遍面临轨道交通网络尚未成型、常规公交分担率低、多元出行需求显现、财政补贴压力大等多重挑战。本文以泉州市为例，基于SWOT分析模型，识别公交—空间协同的核心问题，选择S-0关键策略，提出“成长型”公交发展路径，保障公交廊道弹性适应不同阶段公交发展诉求。研究构建“廊道升级—枢纽赋能—灵活组织”多维公交—空间协同框架。在廊道维度，活化漳泉肖铁路等存量廊道，对廊道进行轻量化和智慧化改造，促进产城融合和空间提质升级；在枢纽维度，构建“一级公交枢纽—二级公交枢纽—微枢纽”三级枢纽体系，分级差异化赋能，鼓励综合开发；在组织维度，依托文旅资源和智慧手段，推动灵活的公交组织模式，提升全链条绿色交通整合能力，以公交服务延伸提升城市空间品质。

【关键词】Ⅱ型大城市；成长型公交发展路径；公交—空间协同策略；SWOT分析；泉州市

【作者简介】

潘盛艺，女，硕士，泉州市自然资源和规划局，高级工程师。电子邮箱：93856224@qq.com

李鑫，女，硕士，中国城市规划设计研究院深圳分院，正高级工程师。电子邮箱：369515816@qq.com

朱鸿钰，女，硕士，中国城市规划设计研究院深圳分院，工程师。电子邮箱：2357868369@qq.com

日本地域公共交通规划联动机制的研究
——以日本熊本市为例

卢尚书

【摘要】本文以日本地域公共交通规划制度及熊本市的规划实践为研究对象，分析其应对人口老龄化与区域失衡背景下的规划联动机制，总结其在指标量化、区域统筹和政策优化方面的特点，并提出完善多规协同法律体系、建立规划动态调配机制、强化重点项目保障等建议，以期为我国城市公共交通规划与国土空间规划衔接提供参考。

【关键词】地域公共交通规划；地域公共交通活性化再生法（地域交通法）；立地适正化规划；特定事业；城市规划；总体规划

【作者简介】

卢尚书，男，硕士，长春市规划编制研究中心，高级工程师。电子邮箱：153027503@qq.com

特大城市外围区域地面公交发展策略研究
——以天津市环城四区为例

唐立波　董　静　李河江　郭本峰　巫骋远

【摘要】地面公交是公共交通系统的重要组成部分，由于中心区域轨道交通的网络化运营影响，特大城市外围区域将是未来地面公交发展的重点区域。本文针对目前天津市中心城区外围区域地面公交发展的现状及主要问题，基于城市及行业发展等趋势，从骨架网络、线网层级、地面公交与轨道交通关系处理、设施支撑和保障、智慧化转型等方面提出中心城区外围区域地面公交发展的相关策略。

【关键词】特大城市；外围区域；地面公交发展策略

【作者简介】

唐立波，男，硕士，天津市城市规划设计研究总院有限公司，高级工程师。电子邮箱：tang8791332@163.com

董静，女，学士，天津市城市规划设计研究总院有限公司，高级工程师。电子邮箱：946918731@qq.com

李河江，男，硕士，天津市城市规划设计研究总院有限公司，高级工程师。电子邮箱：626100056@qq.com

郭本峰，男，硕士，天津市城市规划设计研究总院有限公司，正高级工程师。电子邮箱：40237328@qq.com

巫骋远，男，学士，天津市公共交通（控规）有限公司，助理工程师。电子邮箱：807254335@qq.com

大城市地面公交转型期运营管理模式改革初探

——以北京市为例

陈　静　蔡　乐　朱家正　马腾腾　刘雪杰

【摘要】本文结合社会经济发展背景，分析了北京市地面公交运营管理模式在不同历史背景下的演变过程；基于地面公交运营现状特征，分析了公交运营管理模式的主要问题；结合内外发展环境变化，分析了转型期公交运营管理模式改革面临的机遇与挑战；深入借鉴国内外城市公交运营管理改革经验，初步提出了大城市转型期公交运营管理模式改革的思路框架；提出大城市应发展“政府主导＋企业主体＋市场化运作”的运营管理模式，进一步针对北京市实际情况，从公交运营企业内部改革、政企职责划分、线路经营管理试点改革等方面提出了公交运营管理改革的方向建议，为大城市开展改革提供借鉴参考。

【关键词】地面公交；转型发展；运营管理模式；大城市

【作者简介】

陈静，女，硕士，北京交通发展研究院，正高级工程师。电子邮箱：497177514@qq.com

蔡乐，女，学士，北京交通发展研究院，高级工程师。电子邮箱：157641277@qq.com

朱家正，男，硕士，北京交通发展研究院，工程师。电子邮箱：jz.zhu@foxmail.com

马腾腾，男，硕士，北京交通发展研究院，工程师。电子邮箱：501324603@qq.com

刘雪杰，女，博士，北京交通发展研究院，正高级工程师。电子邮箱：99168723@qq.com

性别差异视角下居民出行特征分析

——以厦门市为例

丁晓青　邓方文　贺佐斌

【摘要】本研究聚焦于不同性别的居民出行特征差异，通过手机信令数据和分析大规模居民出行数据，从出行目的、出行方式、出行时间与出行距离四个关键维度，揭示了厦门市两性居民在日常出行行为上的显著区别。研究结果对于城市交通规划、公共服务设施布局优化以及满足不同性别居民出行需求具有重要指导意义。

【关键词】性别差异；居民出行；交通规划

【作者简介】

丁晓青，女，硕士，厦门市国土空间和交通研究中心（厦门规划展览馆），工程师。电子邮箱：619140380@qq.com

邓方文，男，硕士，厦门市国土空间和交通研究中心（厦门规划展览馆），主任工程师，高级工程师。电子邮箱：497221672@qq.com

贺佐斌，男，硕士，厦门市国土空间和交通研究中心（厦门规划展览馆），技术部长，工程师。电子邮箱：846606291@qq.com

都市圈发展背景下组团城市区际公交规划探讨

孙庆军　周　欣　李萌萌

【摘要】在城乡一体化和区域一体化发展的大背景下，中心城区与周边区县一体化发展已成为必然趋势。区际公交作为城乡客运网络的组成部分，因为其运营灵活、成本较低的特点成为服务跨区长距离出行的重要纽带，区际公交一体化发展对推动公交服务均等化具有重要意义。本文结合其他城市的案例，分析了区际公交普遍存在的问题，研究解决对策。以济南市为例，分析区际公交一体化发展中在经营主体、营运服务、线网布局、基础设施等方面存在的特殊问题，结合实际情况和发展阶段提出了区际公交一体化发展的建议，为其他城市提升区际公交服务水平、改善区际出行品质、推动区际公交一体化发展提供思路借鉴。

【关键词】区际公交；发展问题；规划思路；对策建议

【作者简介】

孙庆军，男，硕士，济南市城市交通研究中心有限公司，交通研究所副所长，高级工程师。电子邮箱：iamfranksun@qq.com

周欣，女，学士，济南市城市交通研究中心有限公司，执行董事，工程师。电子邮箱：jnbrt_zhouxin@163.com

李萌萌，女，硕士，济南市城市交通研究中心有限公司，高级工程师。电子邮箱：1242545565@qq.com

公交场站综合开发实践困难和应对策略

闫蔚东　张学亮

【摘要】在小汽车扩大消费的背景下，公交出行向小汽车出行转变的趋势愈发明显，公交出行量逐年递减的态势难以扭转，公交运营的财政补贴压力只增不减，公交发展容易陷入恶性循环的泥潭。部分城市已探索通过公交场站综合开发的模式来实现公交运营的自我造血，期望实现以公交之名谋发展之实的愿景，得以弥补公交运营的亏损。但在实践过程中却困难重重，用地获取、建设形式、业态定位、运营维护等问题接踵而至，综合开发涉及自规、交通、建设、属地政府等多部门的利益协调。建立公交场站综合开发顶层指导政策、确立与城市需求高度契合的综合开发方案、制定完善的运营管理模式是综合开发能否突破桎梏的关键。本次研究旨在分析综合开发实践过程中遇到的实际困难，探索应对策略，为类似公交场站综合开发项目提供思路参考。

【关键词】公交场站；综合开发；公交综合体

【作者简介】

闫蔚东，男，硕士，湖州市城市规划设计研究院，高级工程师。电子邮箱：408766027@qq.com

张学亮，男，硕士，湖州市城市规划设计研究院，高级工程师。电子邮箱：108392811@qq.com

07 非机动交通与停车治理

城镇区域大封闭停车治理及智慧化提升方案

周晋冬

【摘要】本文针对城镇区域特别是老旧村庄居民区周边的停车难矛盾，以上海市曹路镇众三村为例，从地理环境特征及供需端详细分析了造成停车矛盾的主要因素，并借鉴浙江省类似老旧居住区停车管理成功优化的经验，以大封闭管理为主要优化思路，充分应用智慧化设施及小循环空间精细化设计理念，整体提升区域停车环境及进出安全效率，为城市更新及城镇一体化发展背景下老旧村庄停车难治理提供了可借鉴的思路。

【关键词】城镇区域；停车治理；大封闭；智慧化

【作者简介】

周晋冬，男，硕士，上海浦东建筑设计研究院有限公司，交通研究中心主任助理、所长，高级工程师。电子邮箱：271557462@qq.com

小城市公共自行车布局优化研究

——以浙江省常山县为例

刘歆余　朱　凌　沈　翔　汤楷笛　王　超

【摘要】发展自行车交通是实现城市可持续发展战略的关键一环，也是响应国家绿色发展号召的具体实践。常山县入选浙江省首批城市交通慢行系统建设试点城市，公共自行车服务面临着转型升级新机遇。本文应用多源数据并通过GIS的空间分析，对居民公共自行车出行需求及目前公共自行车站点配置情况进行高精度、密集化的分析和预测，进一步评估与优化常山县主城区公共自行车布点，为公共自行车系统的运营、管理提供决策支持，提高居民绿色出行效率和用户满意度，深度探索小城市公共自行车布局优化的长效路径。

【关键词】小城市；公共自行车；GIS；常山县

【作者简介】

刘歆余，女，硕士，浙江数智交院科技股份有限公司，高级工程师。电子邮箱：305527084@qq.com

朱凌，女，学士，嘉善县交通建设投资集团有限公司，企管审评部审计评价科科长，助理工程师。电子邮箱：79919656@qq.com

沈翔，男，硕士，浙江数智交院科技股份有限公司，高级工程师。电子邮箱：404518775@qq.com

汤楷笛，男，硕士，浙江数智交院科技股份有限公司，助理工程师。电子邮箱：1732386585@qq.com

王超，男，硕士，浙江数智交院科技股份有限公司，助理工程师。电子邮箱：1446357527@qq.com

“禁、限”政策下电动自行车精细化治理策略研究

——以厦门本岛为例

刘金程

【摘要】“禁、限”政策常被用以解决交通治理问题，从禁止摩托车到限制电动车，厦门本岛区域一直走在国内前列，但对于“禁、限”政策能否长效解决政府电动车治理难题，还存在较大的争议。本文根据法律标准、技术规范等，结合厦门实际发展和数据调查，分别从厦门本岛电动自行车发展历程、管理政策、出行需求、出行特征及设施配套等方面分析问题。研究发现，“禁、限”政策对电动自行车精细化治理需要政策制定者、交通参与者和规划设计者三个方面相互配合，最后分别提出相应的优化策略。

【关键词】“禁、限”政策；电动自行车；精细化治理；出行特征

【作者简介】

刘金程，男，硕士，厦门市国土空间和交通研究中心（厦门规划展览馆），工程师。电子邮箱：53563993@qq.com

近郊特色游览地区慢行交通发展对策研究

——以北京市十三陵镇为例

朱晓静　刘　婧　孙　玲　赵　延

【摘要】 随着中心城区城市功能的疏解，北京市近郊近年来逐渐成为城市短途休闲游览的承接地。但由于交通体系不完善，客流旺季供需矛盾往往更为突出，且交通出行存在一定安全隐患，交通条件与服务水平成为制约交通服务能力与区域发展的瓶颈点。近郊出行往往以绿色、便捷、舒适为导向，尤其是特色游览区域，对慢行交通出行有较高需求，但现状基础设施不足，亟待体系性规划。本文以十三陵镇为例，结合区域慢行交通需求，分析慢行系统存在的不足，并以提升骑行安全性与服务能力、构建特色游览线路为主要抓手，提出区域慢行系统的优化对策，助力镇域慢行系统构建与提升，支撑区域慢行游览的可持续性与高质量发展。

【关键词】 近郊；特色游览；慢行网络；骑行驿站；十三陵镇

【作者简介】

朱晓静，女，硕士，北京交通发展研究院，工程师。电子邮箱：1329194029@qq.com

刘婧，女，硕士，北京交通发展研究院，高级工程师。电子邮箱：liuj@bjtrc.org.cn

孙玲，女，硕士，北京交通发展研究院，高级工程师。电子邮箱：helensun19870916@126.com

赵延，男，硕士，北京交通发展研究院，工程师。电子邮箱：zhaoyan@bjtrc.org.cn

电动自行车交叉口通行效率与精细化治理研究

凡 超

【摘要】电动自行车作为城市短途出行的重要工具，其数量的快速增长对交叉口通行效率和城市交通治理提出了新的挑战。本文基于三种电动自行车过街方式，构建交通延误模型和车道通行能力模型，系统分析不同通行模式对交叉口通行效率的影响。以安徽省蚌埠市两相位十字交叉口为研究对象，结合实测数据，计算并对比三种通行方式的交通延误与通行能力，探讨电动自行车精细化治理的有效路径。研究结果表明，停车线后移方式在低峰与平峰时段能有效降低电动自行车的通行延误，提升通行效率，而传统通行模式在高峰期具有更低的延误。此外，停车线后移方式的交叉口车道通行能力最大，适用于电动自行车流量较大的区域。本研究为城市交通管理部门制定电动自行车精细化治理措施提供了理论依据和实证支持，对提升城市交通运行效率和安全性具有重要参考价值。

【关键词】电动自行车；精细化治理；交叉口通行效率；延误模型；通行能力模型

【作者简介】

凡超，男，硕士研究生，重庆交通大学。电子邮箱：2278012132@qq.com

基于聚类分析的出行泊位运行特征研究

李晓璇　韦国辉　华爱娅　吕　剑

【摘要】在城市更新背景下，城市停车问题面临诸多新挑战。既有研究在停车场运行特征的量化分析方面仍存在不足，尤其缺乏应用翔实的运行指标数据进行深入探讨。本研究聚焦杭州市中心城区的出行泊位，以城市大脑停车系统平台数据为支撑，运用 K-means 聚类算法剖析路内泊位与商业配建停车场的运行特征。研究发现，路内泊位可分为资源空置型、频繁周转型和长期占用型，长期占用型泊位一般位于居住集聚片区，且不同类型泊位在收费标准和使用效率上存在差异。商业配建停车场分为长期占用型、资源空置型和需求旺盛型，需求旺盛型常处于城市核心区或副城核心区，且商业配建停车场的实际效益不能单纯依据运行指标判断。基于此，分别针对路内泊位和商业配建停车场提出政策建议。对于路内泊位，需制定量化划设标准与动态调整机制，实施价格动态调节，优化包月收费规则；对于商业配建停车场，应构建精细化分区管理体系，灵活调控新建建筑配建标准，推动既有低效停车场改造。本研究为城市停车设施的科学规划与高效管理提供了理论支持，有助于提升城市停车资源利用效率。

【关键词】出行泊位；聚类分析；运行特征；政策建议

【作者简介】

李晓璇，男，硕士，杭州市规划设计研究院，工程师。电子邮箱：18221052057@163.com

韦国辉，男，硕士，杭州市规划设计研究院，助理工程师。电子邮箱：2133446@tongji.edu.cn
华爱娅，女，硕士，杭州市规划设计研究院，高级工程师。电子邮箱：hay849@qq.com
吕剑，男，博士，杭州市规划设计研究院，高级工程师。电子邮箱：33523167@qq.com

吉林市停车差异化收费方法研究

刘福生　杨博娜　刘缤璘　孙国尧　蓝子辉

【摘要】随着城市化进程的加速和机动车保有量的快速增长，吉林市城市停车供需矛盾日益突出，停车难、停车贵问题已成为影响城市交通秩序和居民生活质量的重要因素。本研究基于吉林市停车设施现状及问题，提出了“分区、分类、分时”的差异化停车收费管理策略。通过对吉林市停车设施供需情况、停车目的、车辆停放时间、停车意愿及收费可接受程度的深入分析，结合城市土地利用、公共交通、交通运行等特征，将吉林市划分为三类停车分区，并针对不同分区制定了差异化的停车收费策略。研究结果表明，实施差异化停车收费政策能够有效调节停车需求，提高停车资源利用率，缓解停车供需矛盾，改善城市交通秩序。本研究为吉林市停车管理提供了科学依据和实践指导。

【关键词】停车管理；差异化收费；停车分区；停车供需

【作者简介】

刘福生，男，硕士，长春市市政工程设计研究院有限责任公司，副总工程师，正高级工程师。电子邮箱：liufusheng888@163.com

杨博娜，女，学士，长春市市政工程设计研究院有限责任公司，工程师。电子邮箱：jiaotongyoung@163.com

刘缤璘，女，硕士，中国第一汽车集团有限公司研发总院，车端系统开发主管，工程师。电子邮箱：371143283@qq.com

孙国尧，男，学士，长春市市政工程设计研究院有限责任公司，工程师。电子邮箱：1206710964@qq.com

蓝子辉，男，学士，长春市市政工程设计研究院有限责任公司，助理工程师。电子邮箱：lanzihuijiang@163.com

碳中和背景下自行车交通战略演化与设计引导

王双龙　孙　婷　秦　坤

【摘要】在全球碳中和战略深入推进与绿色出行理念深化的双重驱动下，自行车出行正迎来结构性复兴机遇。本文选取上海、深圳、杭州、阿姆斯特丹、巴黎和东京六个具有典型特征的国际大都市，系统解构自行车出行策略演进历程，分析当前自行车交通的现存困境。通过解析国际前沿发展范式，结合我国数字化进程，创新性地提出数字孪生技术驱动的网络体系、路权分配与骑行文化协同机制、政企共治与自行车碳积分体系等针对性策略，旨在为中国自行车交通政策的科学制定提供参考依据。

【关键词】碳中和；自行车交通；绿色出行；国际大城市

【作者简介】

王双龙，男，硕士研究生，苏州科技大学。电子邮箱：2452965001@qq.com

孙婷，女，博士，苏州科技大学，教研室主任，副教授。电子邮箱：sunting@usts.edu.cn

秦坤，男，硕士研究生，苏州科技大学。电子邮箱：2973823850@qq.com

基金项目：国家自然科学基金项目“基于日常活动的住区慢行空间关键性要素识别与规划应对”（51908391）

城市更新背景下美好社区停车综合治理探究

——以烟台市为例

胡亚光　李　娜

【摘要】在新型城镇化与城市更新试点改造背景下，老旧社区停车矛盾日益凸显，成为影响居民生活质量与城市治理效能的关键问题。本文以烟台市为研究对象，结合政策分析、实地调研与案例研究，系统剖析居住区停车问题的核心症结，并提出“挖潜增供—政策调控—多方共治”的综合治理模式，包括优化配建指标、推动停车共享、实施差异化收费、强化社区自治等策略。本研究为缓解城市停车矛盾提供了兼具地方特色与普适意义的治理路径，也为全国城市更新试点工作积累了可推广经验。

【关键词】城市更新；社区改造；停车治理；社区自治

【作者简介】

胡亚光，男，硕士，深圳市城市交通规划设计研究中心股份有限公司，工程师。电子邮箱：huhuochai@qq.com

李娜，女，硕士，深圳市城市交通规划设计研究中心股份有限公司，副总工程师，教授级高级工程师。电子邮箱：1263217726@qq.com

协同规划下青岛市城市停车综合治理探索与实践

王田田　马　清

【摘要】停车治理是提升城市综合治理能力的重要抓手。本文从认识城市停车规划工作面临的挑战入手，分析停车协同规划的必要性，提出与国土空间规划体系相融合的停车协同规划体系框架。规划编制方面，在综合交通体系规划、停车专项规划、详细规划的各层级规划中，对停车发展目标、策略、空间布局、近期建设、重点区域综合治理、重点项目规划方案等要点进行逐级传导。规划支撑方面，完善停车政策体系，制定停车技术标准，加强停车项目审批管理，加强规划实施监督，保障规划实施。通过停车数据库建设和动态维护，提供精准、高效的信息支撑。结合青岛市实践，阐述停车综合治理协同规划具体做法，为新时期同类城市系统开展停车治理、提升综合治理水平提供思路借鉴。

【关键词】停车规划；交通规划；国土空间规划；协同规划；综合治理

【作者简介】

王田田，女，硕士，青岛市城市规划设计研究院，交通分院道路规划设计部主任，高级工程师。电子邮箱：qdjtwtt@163.com

马清，男，硕士，青岛市城市规划设计研究院，党委副书记、理事长，教授级高级工程师。电子邮箱：410953367@qq.com

基于轨迹识别的电动自行车交叉口行为特征研究

韩子韬　易　斌　宋　程

【摘要】为了探究电动自行车对交叉口运作的影响，本文以汕头市交叉口航拍视频作为数据基础，通过轨迹识别获取相关数据，对电动自行车在停驻等候、启动加速和通过交叉口三个过程中的运作特征进行分析。结果表明，在停驻阶段，电动自行车等候的空间需求与车辆数存在非线性函数关系；机动车的启动延误与前置等候的电动自行车数量之间呈现正相关性；电动自行车在交叉口内的85%位速度为23.5km/h，其在路口内的膨胀程度与交通量也存在一定的相关性。该研究成果可为交叉口的电动自行车渠化改善和秩序规范提供参考。

【关键词】运作特征分析；电动自行车；轨迹识别；机非冲突

【作者简介】

韩子韬，男，硕士，广州市交通规划研究院有限公司，广东省可持续交通工程技术研究中心，助理工程师。电子邮箱：244866947@qq.com

易斌，男，硕士，广州市交通规划研究院有限公司，广东省可持续交通工程技术研究中心，院副总工程师，教授级高级工程师。电子邮箱：93897926@qq.com

宋程，男，硕士，广州市交通规划研究院有限公司，广东省可持续交通工程技术研究中心，信息模型所副所长，教授级高级工程师。电子邮箱：510659684@qq.com

基金项目：广州市交通规划研究院有限公司科技基金项目“数据驱动的时空推演城市活动模型研究”（KYHT-2023-01）

浅析城市立体过街设施规划建设思路

汪　猛

【摘要】过街设施是城市慢行体系的重要一环，立体过街设施是过街设施中的重要组成部分。本文通过梳理现行规范对建设立体过街设施的人流量指标要求，发现规范指标难以满足当前发展需要，从服务人的出行和保障慢行权利的角度出发，提出立体过街设施规划建设的三大优化思路，即首选建设形式分级、识别服务场景和人流量指标优化。以东莞市松山湖为例，通过调查分析现状过街设施建设情况和人行过街需求特征，识别并提出立体过街设施所服务的生产配套类、生活服务类和安全保障类三大场景，提出以2000人次/h作为松山湖立体过街设施规划建设的人流量指标，形成立体过街设施规划布局方案，具有一定的实用参考价值。

【关键词】交通规划；立体过街；人流量；服务场景

【作者简介】

汪猛，男，硕士，东莞市规划设计研究院有限公司，工程师。电子邮箱：1169769588@qq.com

城市更新下的山地老旧社区停车空间治理研究

——以重庆市沙坪坝区嘉新社区为例

翟庆庆

【摘要】随着城市更新的持续推进，山地老旧社区的停车矛盾愈发显著。重庆市沙坪坝区嘉新社区作为典型的山地老旧社区，其停车空间存在总量匮乏、布局混乱等突出问题，严重制约社区公共空间品质提升及长远发展。本研究深入嘉新社区开展停车现状实地调研，剖析山地地貌给停车空间规划带来的特殊限制，洞察居民在停车方面的多元需求。基于社区更新愿景与发展规划，探索行之有效的停车空间治理路径，诸如深度开发隐匿停车资源、合理规划平面布局、推行自组织时空置换共享及强化业主与产权单位的主导作用等策略。旨在化解停车困境，提升社区空间使用效能，推动社区交通体系与整体环境协同可持续发展，为山地老旧社区停车空间治理提供可借鉴的样本与思路。

【关键词】城市更新；山地老旧社区；停车空间；空间治理

【作者简介】

翟庆庆，女，硕士研究生，重庆大学建筑城规学院。电子邮箱：144871869@qq.com

超大城市外围区路内停车管理精细化治理探索

王　帅　黎学龙　李远安

【摘要】随着我国机动车保有量快速增长，停车供需矛盾日益突出，停车难、停车乱问题严重影响了城市交通运行效率和居民生活质量。路内停车作为城市停车系统的补充，在一定程度上对地区静态交通起着重要作用。本文以广州市外围城区中的增城区为例，针对路边停车收费现状及问题，开展重点路段划分、收费时段、收费标准等方面的优化研究，提出科学合理的路边停车收费策略，以期为缓解城市停车难问题、提升城市交通管理水平提供参考。

【关键词】路内停车；收费优化；超大城市；交通治理

【作者简介】

王帅，男，学士，广州市交通规划研究院有限公司，广东省可持续交通工程技术研究中心，工程师。电子邮箱：1510157062@qq.com

黎学龙，男，硕士，广州市交通规划研究院有限公司，广东省可持续交通工程技术研究中心，助理工程师。电子邮箱：798736018@qq.com

李远安，男，硕士，广州市交通规划研究院有限公司，广东省可持续交通工程技术研究中心，工程师。电子邮箱：1503947220@qq.com

基金项目：广州市交通规划研究院有限公司科技基金项目“数据驱动的时空推演城市活动模型研究”（KYHT–2023–01）

城市电动自行车总量调控策略研究

张杰华　郑淑鉴　熊文华

【摘要】目前，我国各城市电动自行车发展迅猛，呈现出增长快、规模大、秩序乱等特点，引发了违章频发、交通事故等城市交通问题，给城市交通管理和交通安全带来了一系列挑战。本研究立足于城市电动自行车科学管理需要，研判、分析电动自行车总量调控的必要性，从人口规模、出行方式和道路承载能力三个维度提出电动自行车总量调控指标计算方法，最后通过算例分析得到确切的电动自行车总量调控指标，并验证了三种方法推算的总量调控指标的合理性，为相关政策的制定与落地实施提供科学依据和有力保障。

【关键词】交通管理；电动自行车；总量调控；道路承载力

【作者简介】

张杰华，男，硕士，广州市交通规划研究院有限公司，广东省可持续交通工程技术研究中心，工程师。电子邮箱：zjh530868646@163.com

郑淑鉴，男，硕士，广州市交通规划研究院有限公司，广东省可持续交通工程技术研究中心，高级工程师。电子邮箱：609754752@qq.com

熊文华，男，硕士，广州市交通规划研究院有限公司，广东省可持续交通工程技术研究中心，教授级高级工程师。电子邮箱：285808139@qq.com

基金项目：广东省住房和城乡建设厅研究开发项目“粤港澳大湾区城市道路网络韧性安全效能测评、态势演化和防控策略研究”（2024-K23-094406）；道路交通安全管控技术国家工程研究中心开放课题“基于大数据的货运交通安全隐患点识别及安全设施设计方法研究”（2024GCZXKFKT20A）

电动自行车停放充电环节治理路径探索

——以上海为例

许 丽 邵 丹

【摘要】随着互联网经济的快速发展，电动自行车使用场景和功能定位都发生了巨大变化。在此背景下，电动自行车保有规模快速增长，由此带来的空间需求以及秩序安全等问题对城市精细化治理提出了更高要求。本文重点围绕停放充电环节，以问题为导向，系统开展了问卷调查、调研踏勘，客观分析上海电动自行车停放充电配套设施供需匹配情况，并从设施、服务、管理、制度设计等方面剖析现状存在的问题和症结所在。最后基于电动自行车的非机动车属性，结合城市精细化治理、存量发展阶段、人民城市理念等发展背景和要求，并借鉴北京、广州等城市的治理经验，从电动自行车管理制度体系、设施服务供给、安全行为治理等方面提出治理对策建议，为电动自行车安全、秩序治理相关机制优化提供参考。

【关键词】电动自行车；停放；充电；治理

【作者简介】

许丽，女，硕士，上海市城乡建设和交通发展研究院，高级工程师。电子邮箱：gyxuli2017@126.com

邵丹，男，硕士，上海市城乡建设和交通发展研究院，交通所所长，教授级高级工程师。电子邮箱：sd_nt@163.com

广州市优化拓展非机动车通行空间应用实践

方　雷　万晴朗　杨妍冰　许定如　吴其韦　黄剑华

【摘要】电动自行车在方便市民出行的同时，也带来较多交通秩序和安全问题，是当前城市交通治理的一大痛点。针对当前非机动车道缺失、宽度不足等问题，广州市政府提出要进一步优化设置非机动车道，让电动自行车“有路走”。本文介绍了广州市近年来非机动车道改造的主要措施和存在问题，基于“机非共享”理念创新性地提出机非混行车道改造模式，探索了机非混行车道的设置条件、设计内容以及通行规则，并以实例验证了该改造模式的有效性。机非混行车道在没有新增道路资源情况下，通过优化路权分配拓展了非机动车通行空间，规范了车辆通行和停放秩序，降低了冲突风险，安全性和通行效率得到提升，是“一举多得”的电动自行车治理措施。

【关键词】电动自行车；通行空间；机非共享；机非混行车道

【作者简介】

方雷，男，硕士，广州市交通规划研究院有限公司，广东省可持续交通工程技术研究中心，高级工程师。电子邮箱：189809208@qq.com

万晴朗，女，硕士，广州市公安局交通警察支队，秩序设施大队大队长、警务技术三级主管，高级工程师。电子邮箱：1427249263@qq.com

杨妍冰，女，硕士，广州市公安局交通警察支队，秩序设施大队中队长，工程师。电子邮箱：yybing620@163.com

许定如，男，学士，广州市公安局交通警察支队，中队长，信息系统项目管理师（高级）、警务交通技术（副高级）。电子邮箱：34617088@qq.com

吴其韦，男，学士，广州市公安局交通警察支队，助理工程师。电子邮箱：1427249263@qq.com

黄剑华，男，硕士，广州市交通规划研究院有限公司，广东省可持续交通工程技术研究中心，工程师。电子邮箱：815493221@qq.com

基金项目：道路交通安全管控技术国家工程研究中心开放课题“基于大数据的货运交通安全隐患点识别及安全设施设计方法研究”（2024GCZXKFKT20A）；广东省住房和城乡建设厅研究开发项目“粤港澳大湾区城市道路网络韧性安全效能测评、态势演化和防控策略研究”（2024-K23-094406）

基于多源数据和真实轨迹的通勤骑行线路规划

——以深圳市“龙华中心区—坂雪岗科技城”为例

赵勇伟　周　敏

【摘要】随着城市化进程的发展和交通拥堵问题的加剧，骑行作为一种健康、环保的通勤方式愈发重要。本研究聚焦深圳市龙华中心区和坂雪岗科技城片区，集成共享单车点位数据、POI及道路环境数据，构建“OD识别—多维评价—动态校验”的通勤骑行线路选线方法：首先通过通勤行为大数据解析，结合AHP-CRITIC组合赋权模型识别关键通勤起讫点（OD点）；继而建立包含安全性、适宜性与通达性的三性评价体系，运用sDNA工具量化道路网络空间效能，在ArcGIS平台生成动态阻抗成本数据集；通过Network Analyst工具实现多目标路径优化，形成初步骑行网络方案；最后引入真实通勤轨迹数据验证优化，建立分级线路体系。该选线方法融合了sDNA可达性分析以及真实通勤骑行轨迹，更具综合性和针对性，为未来城市通勤线路规划提供了新思路，有利于降低通勤时间、提升区域可达性、改善城市骑行环境、完善城市骑行网络体系。

【关键词】真实轨迹；多源数据；共享单车；通勤骑行线路；sDNA

【作者简介】

赵勇伟，男，博士，深圳大学建筑与城市规划学院，副教授。电子邮箱: 84648985@qq.com

周敏，女，硕士研究生，深圳大学建筑与城市规划学院。电子邮箱: 1530375845@qq.com

基于AHP模糊综合评价的B+R停车场选址方案研究

胡同晶　崔曙光

【摘要】非机动车在解决“最后一公里”出行问题的轨道交通站点接驳系统中扮演的角色举足轻重，而伴随非机动车增多，停车位不足、乱停乱放、占道现象日益突出，因此合理的B+R停车场选址方法成为亟待解决的问题。本研究旨在通过AHP模糊综合评价方法，科学合理地确定B+R停车场的选址方案，以优化轨道交通站点与非机动车之间的接驳效率，缓解轨道交通站点周边的非机动车停车问题。通过对B+R停车场选址影响因素的深入分析，研究构建了包含接驳时间、管理措施、客流集聚状态、选址冲突程度以及市场机制等多个维度的评价因素集。进而利用量化方法将这些因素转化为可比较的指标，并形成了B+R停车场选址的评价矩阵。在此基础上，通过AHP方法确定了各影响因素的权重，最终进行模糊综合评判，得出了选址方案的优劣排序。本研究为B+R停车场的科学选址提供了理论依据和技术支持，有望为城市交通规划和管理提供新的思路和方法。

【关键词】非机动车；轨道交通站点；B+R停车场选址；AHP模糊综合评价方法；影响因素

【作者简介】

胡同晶，男，硕士，北京市首都规划设计工程咨询开发有限公司，高级工程师。电子邮箱：985462072@qq.com

崔曙光，男，硕士，北京市首都规划设计工程咨询开发有限公司，高级工程师。电子邮箱：977044335@qq.com

国土空间规划背景下东莞市停车场详细规划体系探索

卢健波　成见开　王　维

【摘要】为缓解停车难问题，近年来东莞市镇两级政府陆续开展停车设施专项规划，但专项规划的停车场项目建成率普遍不高，停车项目落地难问题严重影响东莞市停车治理工作。本文通过探索建立停车场详细规划体系，向上衔接国土空间规划管控要素，向下摸清项目用地的用地手续情况、规划性质情况、权属流转情况，统筹相关利益群体，针对实施过程中可能存在的报批和协调障碍，提前做出应对措施，切实提高停车场专项规划的落地实施性。

【关键词】国土空间规划；停车场详细规划；国土空间规划符合性；利益统筹；东莞市

【作者简介】

卢健波，男，硕士，东莞市地理信息与规划编制研究中心，工程师。电子邮箱：474238250@qq.com

成见开，男，硕士，东莞市地理信息与规划编制研究中心，交通室主任，高级工程师。电子邮箱：1181136@qq.com

王维，女，硕士，东莞市交通投资集团，工程师。电子邮箱：987968490@qq.com

社区微更新中的电动自行车停放空间提质策略

——基于武汉市的实证分析

刘　悦　王泽铭

【摘要】随着电动自行车保有量的激增，社区停放空间供需矛盾成为城市微更新的一大痛点。本文以武汉市老旧、混合和新建的三类社区为研究对象，通过典型案例的实地调研和深入分析，揭示出规划机制僵硬、设计人本缺失、治理协同不足等深层症结。研究提出了“规划—设计—治理”三维提质策略，同时发现空间提质需要从硬件改造转向治理升级，通过技术赋能实现服务增值，借助利益协调激活社区自治。研究为存量更新背景下的社区慢行空间优化提供了科学合理的解决方案，对推动城市精细化治理范式升级具有理论价值与实践启示。

【关键词】社区微更新；电动自行车；停放空间；精细化治理

【作者简介】

刘悦，女，硕士，武汉市规划研究院（武汉市交通发展战略研究院），助理规划师。电子邮箱：liuyue20202@163.com

王泽铭，男，学士，湖北省交通规划设计院股份有限公司，助理规划师。电子邮箱：398832925@qq.com

城市更新背景下慢行交通优化策略

——以烟台市为例

赵珺玲　曲云鹏　张述雅　姚伟奇　王继峰

【摘要】 随着中国城市化建设迈入存量更新阶段，城市更新已成为国家推动城市治理和转型发展的关键手段，而城市慢行系统更新建设则是城市品质提升的核心途径。本文以烟台市为例，探讨城市更新背景下慢行交通系统的优化策略。针对烟台市慢行交通路权不足、环境品质不佳等问题，研究提出"数据驱动＋需求响应"的精细化规划模式，基于多源数据融合精准识别需求热点，对空间进行精细化改造和动态调试。同时，聚焦慢行优化衔接和重点片区的慢行设计，提升网络服务效能。烟台市实践表明，慢行交通系统由量到质的精细化改造是推动城市空间集约高效转型的重要抓手。

【关键词】 城市更新；慢行交通；精细化改造

【作者简介】

赵珺玲，女，学士，中国城市规划设计研究院，工程师。电子邮箱：765656120@qq.com

曲云鹏（通信作者），男，学士，烟台市规划设计院（烟台市城市规划编研中心），工程师。电子邮箱：qyprc126@126.com

张述雅，女，学士，烟台市规划设计院（烟台市城市规划编研中心），助理工程师。电子邮箱：397896485@qq.com

姚伟奇，男，硕士，中国城市规划设计研究院，高级工程师。电子邮箱：116197698@qq.com

王继峰，男，博士，中国城市规划设计研究院，城市交通研究分院综合交通所所长，教授级高级工程师。电子邮箱：wangjifeng@gmail.com

基于多模态数据融合的慢行潜力区域评估研究

马 山 高 瑾 赵 光

【摘要】传统慢行交通实践中存在“急功近利”和粗放推进的问题，缺少“久久为功”的计划，并不是所有区域都适合发展“绿色交通”，更应该把关注点聚焦在有着较高提升价值的潜力地区。本研究创新构建慢行设施环境评估与区域功能需求特征相结合的双层评估框架。该框架采用多模态数据融合和地理空间分析技术，在构建街道慢行设施环境系统评估的基础上，对社区生活圈、轨道交通站点接驳区、商业街、通学路径、景观营造等不同场景的功能需求进行差异化分析，精准识别具备较高改造潜力的重点区域，高效智能生成慢行项目库及分阶段实施计划。突破传统设施环境单一评估模式的局限，有效避免了资源错配和低效投入，确保慢行系统优化与区域发展定位动态契合，为后续城市更新提供科学依据和技术支撑，以实现慢行系统优化与区域活力焕新的双重目标。

【关键词】慢行交通；设施环境评估；区域功能特征分析；多模态数据融合；城市更新

【作者简介】

马山，男，硕士，天津市城市规划设计研究总院有限公司，高级工程师。电子邮箱：376578347@qq.com

高瑾，女，硕士，天津市城市规划设计研究总院有限公司，高级工程师。电子邮箱：mashan618@126.com

赵光，男，硕士，天津市城市规划设计研究总院有限公司，正高级工程师。电子邮箱：376578347@qq.com

绿色转型视角下的烟台市建设项目停车配建标准优化调整研究

于　斌　杨　阳　苏苑英　崔玉鹏　杨　芸

【摘要】建设项目停车设施是城市机动车停车位供应的主体，对改善调节城市静态交通秩序、补齐停车供给短板具有关键作用。随着烟台市国土空间总体规划的获批实施，以及城市规划建设向绿色、高质量发展方向的转型，上版建设项目停车配建标准出现了诸多不适应性。本文通过整合多源数据与典型案例分析，对烟台市现行配建指标实施评估进行系统分析，提出“精准供给、动静协同、绿色导向”调整理念，优化修订住宅、商业、医疗等各类建筑配建指标修订停车配建标准。同时加强需求引导，构建差异化分区调控体系，实现以静制动、动静协调的停车发展格局。修订后的标准将提升停车资源利用效率，缓解重点区域停车压力，为滨海城市停车治理提供可复制的技术路径。

【关键词】停车配建标准；分区调控；绿色导向

【作者简介】

于斌，男，硕士，烟台市建筑设计研究股份有限公司，院长，高级工程师。电子邮箱：29073075@qq.com

杨阳（通信作者），女，硕士，烟台市规划设计院（烟台市城市规划编研中心），副科长，高级工程师。电子邮箱：578850592@qq.com

苏苑英，女，硕士，烟台市规划设计院（烟台市城市规划编研中心），高级工程师。电子邮箱：314465904@qq.com

崔玉鹏，男，学士，烟台市建筑设计研究股份有限公司，工程师。电子邮箱：cuiyupeng0428@163.com

杨芸，女，学士，烟台市建筑设计研究股份有限公司，工程师。电子邮箱：719174594@qq.com

新形势下超大城市非机动车停车配建标准研究

——以武汉市为例

陈　霞　李　旋

【摘要】碳中和与绿色出行目标推动各大城市加大对非机动车的政策倾斜，而电动自行车、共享单车等新型交通工具在各大城市中逐步渗透普及，不仅对城市交通出行结构产生影响，也对停车设施等城市空间载体提出更高的治理要求。本文从非机动车停车空间规划视角，探讨新形势下超大城市非机动车发展趋势与策略，并结合武汉市非机动车体系的实际供需特征，制定适应超大城市空间治理的非机动车停车配建标准，并提出非机动车停车空间管控策略及建议，规划引导非机动车科学、合理、有序发展，缓解停车难、停车乱问题，支撑城市空间精细化治理。

【关键词】新形势；非机动车；电动自行车；停车配建标准；武汉市；空间治理

【作者简介】

陈霞，女，硕士，武汉市规划研究院（武汉市交通发展战略研究院），高级工程师。电子邮箱：1129275814@qq.com

李旋，女，硕士，武汉市规划研究院（武汉市交通发展战略研究院），助理工程师。电子邮箱：lee16595@163.com

基于停车预约模式的武汉市黄鹤楼景区交通治理实践

李　锐　彭武雄　冯明翔　刘振华　李艳方

【摘要】本文探讨了基于停车预约模式的武汉市黄鹤楼景区交通治理实践。通过分析黄鹤楼景区当前面临的周边交通拥堵问题及其对游客服务的负面影响，论证了引入停车预约模式的必要性；从停车预约模式理论基础与实施策略两方面详细介绍了交通治理的实践过程；最后全面评估了停车预约模式在黄鹤楼景区"十一"期间的实施效果和黄鹤楼停车预约对城市旅游交通治理的启示。

【关键词】停车预约；黄鹤楼；交通治理

【作者简介】

李锐，男，学士，武汉市规划研究院（武汉市交通发展战略研究院），工程师。电子邮箱：lrwhu1893@163.com

彭武雄，男，硕士，武汉市规划研究院（武汉市交通发展战略研究院），交通仿真中心总工程师，正高级工程师。电子邮箱：21040843@qq.com

冯明翔，男，博士，武汉市规划研究院（武汉市交通发展战略研究院），高级工程师。电子邮箱：mc.feng1990@gmail.com

刘振华，男，硕士，武汉市规划研究院（武汉市交通发展战略研究院），工程师。电子邮箱：416251221@qq.com

李艳方，女，学士，武汉市规划研究院（武汉市交通发展战略研究院），工程师。电子邮箱：853660785@qq.com

城市重点地区立体过街设施规划研究
——以天津南站瑞雪路天桥为例

张红健　韩　宇

【摘要】城市重点地区通常人流、车流交织严重，交通环境复杂，关键路段与节点交通拥堵现象频发，交通出行品质不高，建设立体过街设施可以有效提高交通承载力、安全性以及城市包容度、宜居性。城市建设高质量发展背景下，人民对于美好生活、品质出行的愿望也愈发强烈，立体过街设施的功能也由单一人车分离，逐渐丰富集成了包括公交接驳换乘、社会公平体现、公共资源利用、商业价值体现、城市活力提升等多维复合功能。本文结合现行的标准规范对立体过街设施适用场景进行梳理，总结国内外城市立体过街设施规划建设先进经验，提出城市重点地区的立体过街设施规划要点，指引更高效、更安全、更有品质慢行空间的创造。最后，本文以天津南站瑞雪路天桥规划为例，以期为其他城市重点地区立体过街设施规划提供有益的参考和借鉴。

【关键词】过街设施规划；立体过街设施；城市重点地区

【作者简介】

张红健，女，硕士，天津市城市规划设计研究总院有限公司，工程师。电子邮箱：875641217@qq.com

韩宇，男，硕士，天津市城市规划设计研究总院有限公司，规划四院总工程师，正高级工程师。电子邮箱：24886053@qq.com

电动自行车主导的儿童友好学校交通治理研究

刘　敏　谢武锋　汪振东　苑少伟　张晓航

【摘要】电动自行车的兴起给学校接送学情况带来了重大的变化，成为老旧城区学校的主导性交通方式。同时，社会对儿童出行安全和品质要求越来越高，因此针对现有儿童友好学校建设理念下老旧城区学校实践治理的空白，本文总结老旧城区学校的交通运行拥堵、交通运行秩序混乱不堪以及儿童出行环境不友好等问题，提出融合儿童友好理念的、电动自行车主导下的老旧城区学校交通环境治理提升方案。以佛山市南海区大沥中心小学为例，实践落实方案，并评估实施效果。结果表明，本文提出的老旧城区学校儿童友好治理策略方案可提升学生步行通学比例12%，提高机动车和非机动车送学效率14.5%~24.1%，有效改善了学校接送学交通环境。研究及实践成果可为其他同类学校建设提供参考。

【关键词】电动自行车；学生出行；儿童友好；交通组织；交通治理

【作者简介】

刘敏，男，硕士，广州市交通规划研究院有限公司，工程师。电子邮箱：1475248762@qq.com

谢武锋，男，学士，广州市交通规划研究院有限公司，工程师。电子邮箱：754191340@qq.com

汪振东，男，学士，广州市交通规划研究院有限公司，交通规划所（道路工程所）副所长，高级工程师。电子邮箱：

28035955@qq.com

苑少伟，男，硕士，广州市交通规划研究院有限公司，交通规划一所（道路交通所）副所长，高级工程师。电子邮箱：624658847@qq.com

张晓航，女，硕士，广州市交通规划研究院有限公司，交通规划一所（道路交通所）部长，高级工程师。电子邮箱：714793272@qq.com

基金项目：广州市交通规划研究院有限公司科技基金项目“城市交通与国土空间利用互动评价技术研究”（KYHT-2024-02）

城市停车系统定量评价方法及其应用研究

陈宗军　唐婉淇

【摘要】停车难、停车乱已成为“城市病”的重要体现之一。以往规划评估中，对停车的定量分析指标较少，缺乏深度挖掘与系统整合。本文通过引入“停车指数”概念，运用一系列定量指标数据，直观且全面地反映城市停车系统的发展状况，有助于管理部门更好地评估全市停车状况，识别问题短板，明确解决措施重点。本文以徐州市为例进行应用分析，结合指标计算，肯定了徐州市停车系统的发展成效，找出了问题并提出改善建议，为推动停车系统改善提供了有益尝试与探索。

【关键词】停车指数；停车评价；指标体系

【作者简介】

陈宗军，男，硕士，江苏省规划设计集团，高级工程师。电子邮箱：516880713@qq.com

唐婉淇，女，学士，银川市自然资源局，规划师。电子邮箱：110363225@qq.com

步行与自行车系统结构性优化研究
——北京市水、路、绿“三网融合”规划探索

李惟斌

【摘要】水、路、绿“三网融合”是落实《北京城市总体规划（2016年—2035年）》中“建设步行与自行车友好城市”战略部署的关键落子，通过进一步加强绿色交通的建设，助力实现首都生态文明建设与低碳城市的发展。本文以实现生命共同、蓝绿共享、水城共荣为目标，为更好满足了人民群众慢行出行需求，增强人民群众获得感，研究“三网融合”现状问题、融合内涵、融合关键技术及创新实施机制，推动水、路、绿“三网融合”工作形成良好开端，以期为加强城市步行与自行车系统结构性优化、实现慢行网络提质增效提供策略与思路。

【关键词】城市道路慢行系统；绿道；滨水慢行路；“三网融合”；融合规划设计

【作者简介】

李惟斌，女，硕士，北京市城市规划设计研究院，教授级高级工程师。电子邮箱：594247044@qq.com

08 交通模型与智能决策

基于GPS的货车OD获取与应用

阎逸飞

【摘要】随着公路货运业的发展，获取货车OD的需求逐渐显现。为了更好地获取货车OD，本文基于货车GPS，提出了一种货车OD提取方法。对于清洗过的货车GPS数据，在考虑时间阈值与距离阈值的基础上，依次读取货车GPS，针对同一辆车进行阈值判断处理，并进行OD修正合并，剔除干扰点，从而得到相应的货车OD。最后处理了某一工作日的上海市货车GPS数据，得到了相应的指标与货车OD。研究分别针对集卡与普货用不同的行政区、街镇等区域对货车OD进行分析，其中还分析了上海各港区相关的集卡OD数据。研究结果能够为货运交通规划提供基础OD数据以及相应的数据支撑。

【关键词】货车GPS；货车OD；集卡；普货

【作者简介】

阎逸飞，男，硕士，上海交通规划设计研究院有限公司，工程师。电子邮箱：fin20121221ish@163.com

基于政策实施数据的高速公路差异化收费方案优化研究

——以海宁市为例

王　超　沈　翔　汤楷笛　丁　剑　刘歆余

【摘要】高速公路差异化收费利用价格杠杆，达到均衡路网交通流量分布、提高区域路网整体运行效率、促进物流降本增效的目的。2022 年 11 月海宁市开始实施高速公路客车差异化收费。本文利用政策实施前后海宁市境内高速公路及城市道路断面流量数据，评估政策实施效果，进一步提出差异化收费方案优化建议。为海宁市全面深化交通运输领域改革，进一步提升高速公路服务品质与区域交通运行环境提供参考。

【关键词】差异化收费；政策实施数据；方案优化

【作者简介】

王超，男，硕士，浙江数智交院科技股份有限公司，助理工程师。电子邮箱：1446357527@qq.com

沈翔，男，硕士，浙江数智交院科技股份有限公司，高级工程师。电子邮箱：404518775@qq.com

汤楷笛，男，硕士，浙江数智交院科技股份有限公司，助理工程师。电子邮箱：1732386585@qq.com

丁剑，男，硕士，浙江数智交院科技股份有限公司，综合规划研究院院长助理，工程师。电子邮箱：dingjianjiaotong@163.com

刘歆余，女，硕士，浙江数智交院科技股份有限公司，高级工程师。电子邮箱：305527084@qq.com

居民出行调查数据质量提升方法研究

范　瑱

【摘要】数据已成为交通规划与城市治理中不可或缺的核心要素，数据质量控制是数据赋能体系构建的重要保障。本文分析了出行调查数据质量问题的表现形式以及成因，并结合国内外居民出行调查的实践经验，总结了居民出行调查数据质量提升的主要方法。

【关键词】出行调查；数据质量；数据要素

【作者简介】

范瑱，男，硕士，上海市城乡建设和交通发展研究院，工程师。电子邮箱：jamesfz@126.com

基于排队论的装卸设备配置优化模型研究

凡　超

【摘要】为了保证铁路货运中心公铁联运功能区的装卸设备得到合理配置、克服综合运输系统内存在的瓶颈，本文以C铁路货运中心公铁联运区为研究对象，对联运区内现有的相关数据和装卸设备作业流程进行分析。针对公铁联运区现有装卸设备仅为叉车的配置现状，运用《铁路物流中心设计规范》中的装卸设备数量配置方法对联运区现有装卸能力进行计算，得出叉车数量及作业能力存在缺口，如叉车设备数量配置不合理、列车等待作业时间过长等问题。针对这些问题，运用排队论的方法，考虑列车在排队系统内单位时间内的服务成本、逗留损失成本，以优化公铁联运区内到发列车等待时间和排队系统总成本为根本目的，建立单列、多服务台的排队系统模型，并运用MATLAB对叉车数量进行优化计算，得到新的装卸设备数量配置方案，优化后排队系统的综合时间成本相对最优，叉车数量最优，作业效率平衡。

【关键词】数量优化模型；排队论；装卸设备；成本分析；公铁联运

【作者简介】

凡超，男，硕士研究生，重庆交通大学。电子邮箱：2278012132@qq.com

城市观光车线路双维优化模型及实证

樊其月

【摘要】针对城市观光车线路设计缺乏定量研究的问题，本文创新性地提出“景区吸引力—街道活力”二维空间视角下的线路优化模型。基于头尾分割法（head/tail breaks）构建景区分级体系，结合灰色关联度分析测度街道活力影响因子权重，并以西安城市观光车曲江风华二号线为例进行实证。结果表明，优化后线路的景区覆盖率提升25%，活力值提高31%，验证了模型在平衡景点可达性与游览体验中的有效性。研究成果可为旅游城市观光交通规划提供科学依据，推动交旅融合高质量发展。

【关键词】城市观光车；线路设计；景区（点）吸引力；街道空间活力；城市旅游

【作者简介】

樊其月，女，硕士研究生，长安大学。电子邮箱：2578465834@qq.com

高速公路运营数字化协同调度平台研发及应用

龚文森　苏跃江　詹家宇　杨伟熙

【摘要】本文针对传统高速公路管理模式存在的多源信息交互迟滞、协同调度效能不足等问题，以及数字化转型过程中协同调度技术体系与应用场景衔接不畅、协同机制不完善等技术瓶颈，通过创新性地构建覆盖感知、决策、调度与服务全流程的协同调度平台，提升高速公路运营管理效能。研究基于移动互联网与人工智能技术架构，设计开发具有多模块协同机制的调度体系平台；通过一体化系统架构设计、多维度感知矩阵构建及多方信息交互机制创新，实现高速公路运营数字化协同调度平台的研发及示范应用。实证研究结果表明，该平台在广州市北环高速公路应用后，事件响应时间平均缩短约15%，路政救援到达时间平均缩短约50%，事故发生率降低约15%，显著增强道路通行能力，为智慧高速公路建设提供关键技术支撑。

【关键词】高速公路；运营数字化；协同调度；智能交通系统；应急管理

【作者简介】

龚文森，男，硕士，广州市交通运输研究院有限公司，工程师。电子邮箱：346246717@qq.com

苏跃江，男，博士，广州市交通运输研究院有限公司，正高级工程师。电子邮箱：250234329@qq.com

詹家宇，男，学士，广州市交通运输研究院有限公司，助理工程师。电子邮箱：307344430@qq.com

杨伟熙，男，学士，广州市交通运输研究院有限公司，助理工程师。电子邮箱：275036739@qq.con

基金项目：广州市科技计划项目“广州市交通运输科技协同创新中心”(202206010056)

大数据赋能交通拥堵精准治理方法与实践

张海林

【摘要】交通拥堵是政府和社会关注的焦点，创新拥堵治理模式是提升治理效率与精准性的关键。本文首先梳理交通拥堵治理中的多源数据典型类型及应用场景，总结大数据赋能交通拥堵治理模式变化趋势，即从被动治理转向主动治理、从经验治理转向精准治理、从局部治理转向系统治理。其次，以常发性拥堵路段和节点为对象，基于大数据构建涵盖“特征提取—拥堵识别—成因研判—策略制定—评估监测”的交通拥堵动态治理技术框架，形成“拥堵时空特征分析、拥堵车流路径溯源、拥堵成因综合评估”三大关键技术思路。最后，以广州市黄埔科学城片区拥堵治理为例，详细总结治理数据体系构建、拥堵治理对象识别、治理策略精准制定、中微观协同仿真、拥堵实施成效监测等创新实践。结果表明，通过大数据融合分析，能提高拥堵规律及成因识别的准确性、微观交通出行行为的精细化、治理策略的针对性与科学性，支撑交通拥堵“一点一策”精准治理。

【关键词】交通拥堵；交通治理；拥堵识别；车流路径溯源；交通大数据

【作者简介】

张海林，男，硕士，广州市城市规划勘测设计研究院有限公司，智慧交通研究所副所长，高级工程师。电子邮箱：731061678@qq.com

基于云模型的封闭小区开放适宜度评价

王宇萍　杜亚北　王连震

【摘要】本文针对封闭小区开放过程中封闭小区是否适宜开放的问题，提出了基于云模型理论的封闭小区开放适宜度评价模型，对区域封闭小区是否适宜开放进行评价，从路网布局指标、交通运行指标和小区特征指标三个方面，建立封闭小区是否适宜开放的评价指标体系，将指标分为适宜开放和不适宜开放两个等级。对哈尔滨市南直路、先锋路、黄河路和宣庆街合围而成的区域路网进行实例分析，分析该区域交通状况，测量实际车流量、路段长度、行程时间。根据实际调查，计算出评价指标具体值，根据云模型综合评价方法对选定区域进行评价，确定该区域内封闭小区适宜开放。评价结果为封闭小区是否适宜开放提供决策依据。

【关键词】交通工程；封闭小区；云模型；开放适宜度评价

【作者简介】

王宇萍，女，硕士，哈尔滨市城乡规划设计研究院，正高级工程师。电子邮箱：wangyuping004997@163.com

杜亚北，男，硕士研究生，东北林业大学。电子邮箱：278525449@qq.com

王连震，男，博士，东北林业大学，副教授。电子邮箱：rock510@163.com

基金项目：国家自然科学基金青年科学基金项目“封闭小区对城市路网交通流的影响机理及干预策略研究”（71701041）；黑龙江省自然科学基金项目“基于多元数据融合的货车危险驾驶行为谱构建及动态干预策略”（PL2024E013）

移位左转信号控制优化与评价方法研究

李　瑞　杜建坤　张驰宇　丁红亮

【摘要】平面交叉口左转交通流是限制交叉口通行能力的主要瓶颈之一，为此，有学者提出一种新型的左转交通流组织方式——移位左转信号控制。本文基于移位左转专用车道设计，构建了基于移位左转信号协调控制的双目标配时优化模型，并建立了基于改进物元可拓的评价模型，其中指标权重由熵权法确定。最后，以重庆市火炬大道—迎宾大道交叉口为例，通过VISSIM软件仿真对比得出，优化后交叉口通行能力提升了19.4%与22.7%，饱和度由现状0.83下降至0.69与0.67，服务水平由D级提升为C级，南、北进口平均延误比现状减少了19.1%与24.8%、25.4%与31.4%，平均排队长度比现状减少了18.9%与24.8%、25.4%与31.4%。综合评价得出：高峰和平峰下基于移位左转信号协调控制的双目标配时优化模型均优于未设置移位左转信号交叉口和传统配时下的移位左转信号控制交叉口。

【关键词】交通工程；移位左转信号控制；物元可拓；移位左转专用车道

【作者简介】

李瑞，男，硕士，武汉设计咨询集团有限公司，工程师。电子邮箱：522062389@qq.com

杜建坤，女，硕士，武汉市规划研究院（武汉市交通发展战略研究院），工程师。电子邮箱：772588733@qq.com

张驰宇，男，硕士，重庆市轨道交通（集团）有限公司。电子邮箱：liruihit@163.com

丁红亮，男，博士，西南交通大学，智慧城市与交通学院，副教授。电子邮箱：hongliang.ding@swjtu.edu.cn

面向国土空间规划的出行地图设计与实现

何　超　李艳方

【摘要】传统意义上的出行地图是面向公众出行，为公众出行提供基于位置的服务，如路线规划、景区推荐、客票酒店预订等。通过公共交通可达性、公共交通等时圈等定量的指标，形成面向国土空间规划的“出行地图”，建立国土空间与交通要素之间的联系，可为城市公共交通规划、公共服务设施规划提供数据上的支撑。本文依托微服务架构，设计并实现了面向国土空间规划的“出行地图”。系统目前已应用于武汉市轨道交通规划、公交线网规划。

【关键词】微服务；城市交通；公共交通可达性；国土空间规划；出行地图

【作者简介】

何超，男，硕士，武汉市青山区住房和城市更新局，高级工程师。电子邮箱：wd_hechao@163.com

李艳方，女，学士，武汉市规划研究院（武汉市交通发展战略研究院），工程师。电子邮箱：853660785@qq.com

重庆主城都市区客运交通模型技术框架研究

吴祥国　刘海洲　贾贞贞　于海勇　张　颖　赵必成

【摘要】随着城市范围的不断扩张以及居民出行选择的日益多样化，主城都市区各区域间的出行联系日益增强，如何充分利用多源大数据资源对区域间出行需求进行合理预测，引导交通基础设施的规划与配置，成为一项热点议题。由于中长距离的跨区域出行存在低频、随机特性，且产生的出行数据种类多、体量大，传统基于居民出行调查的交通需求预测模型不能与之完全适配。为此，本文充分利用多源大数据资源，构建了一套主城都市区客运交通需求预测模型技术框架，包括基于区域吸引力的出行生成与分布一体化模型、方式划分模型以及交通分配模型，开发了基于场景推演的规划参数标定等多项关键技术。该技术框架能够为区域交通基础设施资源的供给与分配、交通规划建设与运行管理提供定量决策参考。

【关键词】交通规划；交通需求预测；出行生成与分布一体化；交通分配；多源大数据；主城都市区

【作者简介】

吴祥国，男，硕士，重庆市交通规划研究院，项目主管，教授级高级工程师。电子邮箱：252308215@qq.com

刘海洲，男，博士，重庆市交通规划研究院，交通信息中心主任，教授级高级工程师。电子邮箱：13527461035@139.com

贾贞贞，女，博士，重庆市交通规划研究院，副院长，教授级高级工程师。电子邮箱：18580752030@wo.cn

于海勇，男，硕士，重庆市交通规划研究院，高级工程师。电子邮箱：897979561@qq.com

张颖，女，硕士，重庆市交通规划研究院，工程师。电子邮箱：zhangleahleah@163.com

赵必成，男，硕士，重庆市交通规划研究院，教授级高级工程师。电子邮箱：43194344@qq.com

面向超大综合枢纽的AI智能体研究与实践

高晓飞　赵明钰　王宝辉　王　杉

【摘要】本研究针对超大综合交通枢纽的运营挑战，构建了一套完整的AI智能体系统，旨在提升交通枢纽的运营效率和服务质量，通过感知层、平台层和执行层的协同工作，实现对枢纽的全面感知、智能决策和高效执行。研究以上海市东方枢纽为例，创新性地提出了枢纽AI智能体的概念，打造了站城融合、AI全程伴随式旅客个性化服务、预约响应即停即走式社会车和网约车接客调度技术。AI智能体采用了多模态数据融合、伴随式服务引擎、AR导航等技术方法，实现了资源高效配置、个性化服务和交通组织优化。研究结论表明，AI智能体系统能够显著提升超大综合枢纽的运营效率和服务质量，为旅客提供更加便捷、舒适的出行体验，并推动智慧交通的发展和城市运行效率的提升。

【关键词】交通枢纽；东方枢纽；AI智能体；站城融合；响应式接客

【作者简介】

高晓飞，男，硕士，上海东方枢纽集团投资建设发展集团有限公司，高级工程师。电子邮箱：gaoxiaofei@shdfsnjt.com

赵明钰，女，硕士，上海市城市建设设计研究总院（集团）有限公司，助理工程师。电子邮箱：zhaomingyu@sucdri.com

王宝辉，男，硕士，上海市城市建设设计研究总院（集团）有限公司，教授级高级工程师。电子邮箱：wangbaohui@sucdri.com

王杉，女，硕士，上海市城市建设设计研究总院（集团）有限公司，高级工程师。电子邮箱：wangshan@sucdri.com

交通信号控制策略研究与探讨

——以武汉市为例

张　勇　黄广宇

【摘要】本文详细分析了武汉市交通信号控制设施的发展现状以及控制策略应用现状，深入剖析了目前存在的主要问题，包括数据感知应用能力不足、先进信控策略应用不足、信号优化团队人数不足等。在此基础上，提出了武汉市区域级信号控制策略、干线级信号控制策略、路口级信号控制策略以及相应的适用场景，包括适用区域及范围、线路及节点等，并提出了进一步优化和完善信号控制工作的有关措施和建议，旨在为超大城市交通拥堵治理、提高现代化交通治理水平、优化交通信号管理工作提供参考和借鉴。

【关键词】交通信号；控制；策略；武汉市

【作者简介】

张勇，男，学士，武汉市公安局交通管理局，警务技术三级主任。电子邮箱：26422522@qq.com

黄广宇，男，学士，武汉市规划研究院（武汉市交通发展战略研究院），主任工程师，高级工程师。电子邮箱：26422522@qq.com

5G背景下信令数据提取间断流行程车速研究

刘　怡

【摘要】行程车速是间断流道路（主干道与次干道）交通运行状态监测与分析的重要指标。传统 2/3G 信令数据凭借时空范围广、获取成本低的优势，被广泛应用于连续流行程车速提取中，精度分布在 80%~90%。但低定位频率与低定位精度的局限使得 2/3G 信令数据在间断流（主干道与次干道）中应用较少，且精度尚未达成共识。随着信息技术的发展，4/5G 密集信令定位频率显著提升，使得间断流（主干道与次干道）行程车速提取成为可能。本文基于密集信令数据特点，优化了密集信令数据环境下的间断流行程车速提取方法，该方法由信令数据触发位置点重建算法、行程车速提取算法两部分组成。与既有方法相比，本文行程车速精度提升 6.92 个百分点，表明优化后的行程车速提取方法在密集信令数据环境下具有更优的行程车速提取效果。

【关键词】间断流；4/5G 信令；行程车速；隐马尔可夫链算法；交通状态

【作者简介】

刘怡，男，硕士，重庆市交通规划研究院，工程师。电子邮箱：1806449833@qq.com

基金项目：重庆市科学技术局科研机构绩效激励引导专项项目“基于山地城市典型交通场景的碳污协同精细化排放因子研究”（CSTB2023JXJL-YFX0037）

基于神经网络模型的铁路客运枢纽交通接驳模式决策研究

钱玥希　刘兆鑫　范　馨　赵　博

【摘要】随着城镇化进程发展与出行需求多样化，铁路客运枢纽面临交通接驳模式动态适配的挑战。本文提出基于BP神经网络的交通接驳模式决策模型，旨在弥补传统经验方法在数据静态性与行为简化假设上的局限。研究构建了涵盖出行者属性、出行行为特征、车站属性及环境因素的四维指标体系，通过Spearman秩相关分析筛选出高峰小时客流量、车站规模等12项核心影响因子，建立三层BP神经网络模型。实证研究结果表明，该模型在接驳设施面积预测中平均绝对百分比误差（MAPE）为12.3%（其中中小型枢纽误差低于10%，超大型枢纽为14.2%），接驳方式分类准确率达84.6%。本研究为铁路客运枢纽交通接驳模式的量化决策提供了方法论支撑，对智慧交通背景下的枢纽交通设施规划具有理论价值与实践指导意义。

【关键词】枢纽交通出行需求；铁路客运枢纽；交通接驳模式；神经网络模型；交通场站规模预测

【作者简介】

钱玥希，女，硕士，中铁二院工程集团有限责任公司，工程师。电子邮箱：124673465@qq.com

刘兆鑫，男，硕士，中铁二院工程集团有限责任公司，工程师。电子邮箱：18328746440@163.com

范馨，女，硕士，中铁二院工程集团有限责任公司，工程师。电子邮箱：764193211@qq.com

赵博，男，硕士，中铁二院工程集团有限责任公司，工程师。电子邮箱：py_zhaobo@163.com

基于概率神经网络的交通拥堵判别

李咏琳

【摘要】近年来，交通拥堵问题不仅给人们的日常生活带来诸多的不便，甚至成为经济发展的阻碍因素之一。本文针对道路拥堵判别这种非线性分类问题，选取了 t，$t-1$ 时刻分别测得的流量、占有率和速度，共 6 个变量，使用概率神经网络，建立城市交通拥堵状态判别模型。经验证，该模型准确性高、泛化能力强，具有一定的应用价值。

【关键词】概率神经网络；城市交通；道路拥堵判别；MATLAB 仿真

【作者简介】

李咏琳，女，硕士研究生，重庆交通大学。电子邮箱：2673686037@qq.com

不确定视角下交通模型应用的相关探讨

吴丹婷　魏　贺

【摘要】在复杂多变的环境背景下，城市交通发展面临资源环境约束收紧、社会结构和价值取向变化、AI技术创新变革等诸多不确定因素。在交通规划决策过程中，交通模型师、规划者和决策者掌握的知识信息和认知判断有限，可能会导致预期结果与实际发展不匹配。交通预测“不准确”在某种程度上是未来发展不确定性的客观表现。只有正确认识和积极应对不确定性，交通规划决策才能经得起未来发展的考验。本文以交通预测为切入点，重新审视不确定性视角下的现实约束条件、发展继承关系、多方博弈决策、实施路径偏移、量化论证困境，尝试以情景规划重构适应性决策机制，以政策监督引导可持续路径纠偏，以绩效评估驱动多主体协同治理，以AI大模型赋能组合式范式重构，为多种可能发展情景下的交通规划和模型范式转型供新思路。

【关键词】不确定性；交通模型；交通规划；情景规划；AI大模型

【作者简介】

吴丹婷，女，硕士，北京市城市规划设计研究院，工程师。电子邮箱：243691060@qq.com

魏贺，男，硕士，北京市城市规划设计研究院，高级工程师。电子邮箱：114866050@qq.com

基于XGBOOST算法的产业园区职工出行方式分析

杨　舒　韩　宇

【摘要】本文对天津市武清区产业园区、宝坻区产业园区的职工为调查对象，发放调查问卷，调查职工的出行方式及期望出行意愿。构建XGBOOST分类模型，分析年龄、收入、性别、是否具有京津通勤出行行为等特征对出行方式选择的影响。研究发现，“是否有京津跨城通勤行为”这一变量的特征重要性达到21.5%，模型准确率达82.1%，优于支持向量机（32.5%）、随机森林（58.1%）、梯度提升树（37.7%）与BP神经网络（41.4%），在模型解释能力上优于传统的多分类Logit模型；当增加“期望通勤时间”和“期望通勤成本”变量时，模型准确率达到88.8%，提升了8.16%，AUC值达到了0.995。最后，基于特征重要性分析，提出优化产业园区职工通勤出行的优化建议。

【关键词】双城通勤；出行方式选择；XGBOOST模型；机器学习

【作者简介】

杨舒，女，硕士，天津市城市规划设计研究总院有限公司，工程师。电子邮箱：13820729872@163.com

韩宇，男，硕士，天津市城市规划设计研究总院有限公司，高级工程师。电子邮箱：24886053@163.com

考虑路网覆盖效益的路侧单元优化部署策略

张楚瑶

【摘要】随着智能交通系统的快速发展，车联网在交通管理中扮演着越来越重要的角色，而路侧单元（roadside unit，RSU）作为车联网的核心组成部分，其布局直接影响到信息传输效率和系统的覆盖范围。本文在考虑 RSU 设备成本的同时，提出了最大化信息时效期内覆盖的车辆数的优化方案。通过分析车车通信间距阈值对车辆连通性和信息传输延时的影响，提出了两类瞬时传输间距，并结合三类延时传输计算信息传输的可达范围，构建了 RSU 最大化路网覆盖布局优化的综合效益模型。此外，本文还通过仿真分析，对不同信息时效期下 RSU 的布局效果进行了灵敏度分析，并对比了不同需求总数条件下 RSU 布局方案的覆盖效益。研究结果表明，RSU 的布局方案应根据交通流量、信息时效期及设备成本等因素进行综合考虑，以达到最优的网络覆盖和信息传输效益。本文的研究为智能交通系统的 RSU 布局优化提供了理论依据和实践指导。

【关键词】智能交通系统；路侧单元布局；车车通信；最优化问题

【作者简介】

张楚瑶，女，硕士，北京市城市规划设计研究院，工程师。电子邮箱：929827468@qq.com

存量发展背景下的长春市交通模型建设实践

刘娟娟　马毅林　郭　闯　赵小辉　关可汗

【摘要】近年来，城市空间与交通设施进入存量发展阶段，如何以存量设施应对城市交通需求的长期不断变化，提升有限交通空间的合理性和利用效率，是当前城市交通规划必须考虑的关键问题。本文探讨了在当前国土空间存量发展背景下，交通模型作为城市交通规划和管理的核心工具所面临的新要求和新挑战，简要论述了目前国内城市在交通模型建设及应用中的关键技术。在此基础上，详细阐述了长春市交通模型的发展历程、主要技术手段和规划应用实践。最后，总结了交通模型在存量发展背景下的挑战与机遇，以及长春市综合交通模型未来改进和发展的方向，为其他城市提供经验借鉴。

【关键词】国土空间存量发展；交通规划；交通模型；多源数据融合；长春市

【作者简介】

刘娟娟，女，硕士，长春市规划编制研究中心（长春市城乡规划设计研究院），高级工程师。电子邮箱：397539118@qq.com

马毅林，男，硕士，北京交通发展研究院，高级工程师。电子邮箱：240838332@qq.com

郭闯，男，硕士，长春市规划编制研究中心（长春市城乡规划设计研究院），工程师。电子邮箱：guochuang915@126.com

赵小辉，女，硕士，长春市规划编制研究中心（长春市城乡

规划设计研究院），工程师。电子邮箱：503855707@qq.com

关可汗，男，硕士，长春市规划编制研究中心（长春市城乡规划设计研究院），高级工程师。电子邮箱：kekegkh@yeah.net

城市群交通供需非均衡SD模型研究

高东梅

【摘要】本文针对城市群交通系统的复杂性与动态性，采用系统动力学方法，对城市群交通需求与供给进行了影响因素分析，探究非均衡的形成机制与发展趋势。在确定研究主体模块的基础上，确定了系统边界，绘制因果关系图，并根据各影响因子的因果反馈关系绘制系统流图，选用有效的函数关系建立动力学方程，构建了城市群交通结构的系统动力学模型（System Dynamics Model，SD）。以京津冀城市群为例，以VENSIM为平台进行仿真分析，探究城市群交通系统内部各个因素之间的相互作用，分析城市群的交通供需非均衡的演变过程，模拟京津冀城市群未来十年的发展趋势，以及如何通过外部政策进行调控，使城市群交通供需系统由非均衡状态转向均衡状态，缓解供需失衡的局面。为决策者在交通规划与管理方面提供参考，促进城市群交通供需均衡发展，提升城市群市交通的效益。

【关键词】城市群交通；供需非均衡；交通供需；系统动力学

【作者简介】

高东梅，女，硕士研究生，内蒙古大学。电子邮箱：1696489115@qq.com

基金项目：国家自然科学基金项目“级联失效下城市群综合客运网络交通应急组织研究”（62063023）；内蒙古自治区自然科

学基金项目“基于出行阻抗的城市群客运交通网络韧性恢复与优化研究”（2023MS05036）；内蒙古自治区高等学校青年科技英才支持计划项目“青年科技人才项目”（NJYT22099）

基于深度学习框架的交通需求与运行状态估计

许　晗　线　凯　李沅锴

【摘要】随着城市化进程的发展与机动车保有量的持续增长，道路拥堵问题日益加剧，城市交通系统面临严峻挑战。为缓解交通拥堵、提升路网通行效率，精准掌握路网车辆运行特征具有重要的现实意义。近年来，人工智能技术的快速发展，特别是深度学习在复杂时空建模方面的优势，为超大规模路网交通状态估计提供了新的技术路径。本文提出了一种基于深度学习计算图框架的超大规模路网小汽车交通需求与运行状态估计模型。构建了包括交通发生层、OD比例层、小汽车轨迹层和道路断面流量层在内的多层次交通变量框架，依托深度学习思想，采用正向传播计算各层校核值，结合反向传播计算误差偏导数，实现了道路运行状态的高效估计。模型在北京市域路网中的应用结果表明，在超大规模路网中，校核时间小于4min，流量断面平均百分比误差低至11.5%。实验验证了基于深度学习的计算图校核框架在超大规模路网小汽车交通需求估计方面具有显著优势，可以为智能交通管理提供可靠的技术支撑。

【关键词】深度学习；多源数据融合；交通需求与运行状态估计

【作者简介】

许晗，男，硕士，北京交通发展研究院，工程师。电子邮箱：1594245398@qq.com

线凯，男，硕士，北京交通发展研究院，教授级高级工程师。电子邮箱：xiank@bjtrc.org.cn

李沅锴，男，硕士，北京交通发展研究院，助理工程师。电子邮箱：964093238@qq.com

基金项目：国家自然科学基金项目“未来城市交通管理”（72288101）

机动车流量指标的周期校核技术研究

王　磊

【摘要】作为交通模型传统应用向环境部门的拓展赋能，多部门共同构建的“上海市机动车污染实时排放预警系统”在较长期的部门合作中不断迭代深化。为确保该系统可进一步提供稳定的日常监测能力，本次研究共在三个方面推进了机动车流量指标的周期校核功能：①基于概率论原理改进了系统对数据异常状态的感知能力；②依据居民作息的客观规律性总结交通量的周期相关性，研究形成对异常情况下数据的替补策略；③参考行业定期发布的统计报表，从中抽取重要走廊、关键断面等趋势性特征，形成与动态波动占优的细颗粒度数据趋势表征一致的融合方法。

【关键词】机动车排放清单；道路交通模型；周期校核；时间序列

【作者简介】

王磊，男，硕士，上海市城乡建设和交通发展研究院，数据分析研究部副主任，高级工程师。电子邮箱：79761249@qq.com

基于AIGC的交通规划智能辅助平台探索

林晓生　沈文韬　陈丹洁

【摘要】随着人工智能生成内容（AIGC）技术的快速发展，其在交通规划领域的应用潜力逐渐显现。本文将RAGFlow和Dify框架作为AIGC的核心组件，通过知识库构建、多模态数据集成与智能体协同机制，实现"数据驱动—知识增强—智能决策"的闭环，探索基于AIGC的交通规划智能辅助平台的构建与应用。研究以信息检索问答、数据洞察分析及技术报告生成三类智能体的构建和应用示例，为AIGC技术与交通规划的深度融合提供了思路与技术路径，辅助交通规划领域知识的动态管理与高效调用。

【关键词】AIGC；检索增强生成；智能体；交通规划；智能辅助平台

【作者简介】

林晓生，男，学士，广州市交通规划研究院有限公司，广东省可持续交通工程技术研究中心，高级工程师。电子邮箱：761115402@qq.com

沈文韬，男，硕士，广州市交通规划研究院有限公司，广东省可持续交通工程技术研究中心，工程师。电子邮箱：757666814@qq.com

陈丹洁，女，学士，广州市交通规划研究院有限公司，广东省可持续交通工程技术研究中心，工程师。电子邮箱：1538325664@qq.com

基金项目：广州市交通规划研究院有限公司科技基金项目“数据驱动的时空推演城市活动模型研究”（KYHT–2023–01）；广州市越秀区文化广电旅游体育局研究课题“海丝历史文化街区慢行交通优化提升方案研究”（2024YXZTYJ15）

基于车辆特征分析的服务区分类优化策略研究

——以广州市为例

杨兴清　吴德馨　苏跃江　曹云龙

【摘要】随着我国高速公路网络规模的持续扩张，服务区作为路网系统中的关键节点，提升服务区资源配置与动态交通需求匹配性成为政府与高速公路企业共同关切的问题。本文基于高速公路地理信息、高速公路门架数据为基础，利用服务区车辆驶入识别分析挖掘服务区车辆特征，通过聚类分析方法得到不同车辆特征的服务区类型，最后结合城市布局、路网结构、客货占比等针对不同类型服务区提出优化策略，为提高服务区供需匹配度和多样化发展提供有益参考和借鉴。

【关键词】服务区；高速公路门架数据；入场率；聚类分析

【作者简介】

杨兴清，男，硕士，广州市交通运输研究院有限公司，工程师。电子邮箱：598102247@qq.com

吴德馨，男，硕士，广州市交通运输研究院有限公司，高级工程师。电子邮箱：547301527@qq.com

苏跃江，男，博士，广州市交通运输研究院有限公司，正高级工程师。电子邮箱：250234329@qq.com

曹云龙，男，硕士，广州交通投资集团有限公司，高级工程师。电子邮箱：396307823@qq.com

城市建成环境对居民出行碳排放影响研究
——以武汉市为例

余庆龙

【摘要】城市建成环境对居民出行及其碳排放具有锁定效应，因此在降低居民对机动车依赖性方面，城市建成环境通常会发挥更为持久和根本的作用。本文基于手机信令数据，在1km×1km单元网格尺度上，以“自下而上”的方法量化居民出行碳排放，在通过相应的方法量化城市建成环境指标后，构建加权地理回归（GWR）模型，研究城市建成环境对居民出行碳排放的影响。研究发现，城市建成环境对居民出行碳排放影响存在空间异质性，在选取的9个建成环境指标的影响系数中，道路可达性、经济水平以及土地混合利用度三个指标值得注意。道路可达性在大部分主城区以及副城区与居民出行碳排放呈正相关，而在作为重要产业区的光谷地区却呈现出负相关；经济水平对碳排放的正相关影响呈现出以远郊城区以及副城区为主的小规模聚集、多中心分布特征；土地混合利用的提升在大部分中心城区以及副城区能够减少居民出行碳排放，而在城市建成程度较低的远郊城区，增加土地混合利用度反而会提高居民的出行意愿。

【关键词】碳排放；居民出行；建成环境；GWR模型；OLS模型

【作者简介】

余庆龙，男，硕士研究生，武汉工程大学。电子邮箱：1059604602@qq.com

基金项目：武汉工程大学研究生教育创新基金项目“城市建成环境对居民出行碳排放影响研究——以武汉市为例”（CX2024524）

基于多源数据分析的商业综合体交通改善研究

贺佐斌

【摘要】本文基于商业综合体交通特征分析，以厦门市乐海广场为例，利用商场人脸识别数据、手机信令数据、出租车 GPS 数据、停车场进出数据等，从慢行、公交、停车等方面针对性地提出交通改善措施，对其他商业综合体交通改善研究具有一定的借鉴意义。

【关键词】多源数据；商业综合体；交通改善

【作者简介】

贺佐斌，男，硕士，厦门市国土空间和交通研究中心，工程师。电子邮箱：846606291@qq.com

基于出行链的城市货车目的地选择行为分析

李　璐

【摘要】本文根据上海市货车出行特征调查，以上海市西北物流园区—中心城区的货车出行链为研究对象，分别建立出行链首段出行和非首段出行的目的地选择模型；在比选不同效用形式的基础上，针对拟合效果较优的交叉项效用的参数估计结果，分析影响两类出行目的地选择的主要因素。结果表明，出行距离在出行链首段与非首段出行中对目的地选择的影响存在显著差异，且不同车型的出行链中，出行距离对选择效用的影响不同；交通小区属性变量在两类出行中对目的地选择的影响则相对一致，但不同车型在出行目的地选择时对目的地小区的岗位密度的敏感度不同。

【关键词】城市货运；货车出行链；目的地选择；行为分析

【作者简介】

李璐，女，博士，上海市城乡建设和交通发展研究院，高级工程师。电子邮箱：335973576@qq.com

以LMDI模型为基础的城市道路交通碳排放研究

王海天　万　涛　郭本峰　赵树明

【摘要】本文运用LMDI模型分析城市道路交通碳排放影响因素，提出对城市道路交通碳排放分别起促进和抑制作用的能源结构、能源强度、经济增长、城镇化率倒数、城市人口与第三产业总值的比值、第三产业规模6项因素，并运用LMDI模型计算各因素的贡献效应和贡献率，在此基础上对影响城市道路交通碳排放的各影响因素及其成因进行评价，提出相应的道路交通领域的降碳减排对策，为有关部门提供决策参考。

【关键词】LMDI模型；城市道路交通；碳排放；贡献效应

【作者简介】

王海天，男，学士，天津市城市规划设计研究总院有限公司，正高级工程师。电子邮箱：2485817857@qq.com

万涛，男，硕士，天津市城市规划设计研究总院有限公司，研发总监，高级工程师。电子邮箱：1169468702@qq.com

郭本峰，男，硕士，天津市城市规划设计研究总院有限公司，正高级工程师。电子邮箱：40237328@qq.com

赵树明，男，硕士，天津市城市规划设计研究总院有限公司，副总规划师，正高级工程师。电子邮箱：zsm351@126.com

基金项目：天津市科技计划项目“天津市国土空间碳源—汇模型研究与规划应用”（23YFZCSN00210）

北京市通学交通评价模型构建与实证分析研究

严　海　安　然　于凯泽　熊　文

【摘要】中小学生的通学路面临较为严重的问题，通学路交通安全情况欠佳，学校周边道路拥堵，“中国式接送”导致中小学生绿色通行率低等问题，与部分发达国家存在一定差距。为了响应“人享其行，物优其流”的国家交通战略，探究解决方法，本研究提出了“通学交通评价”概念，进行模型构建，并基于北京市16城区抽样调查数据进行实证分析，通过SPSS交叉分析和回归分析，对城市不同圈层及多个影响因素进行综合分析。结果显示，北京市中小学生通学交通评价得分80.84（100分制），达到良好水平状况，根据回归分析发现，交通通畅程度是影响交通安全的关键因素。研究引入城市“圈层”理论，发现不同“圈层”定位城区的学生通学情况有明显差异。最后，根据研究结果，提出了改善中小学生通学情况的针对性建议。

【关键词】通学交通评价；交通安全；绿色交通

【作者简介】

严海，女，博士，北京工业大学，副教授。电子邮箱：yhai@bjut.edu.cn

安然，男，本科生，北京工业大学。电子邮箱：AR1FCD@yeah.net

于凯泽，男，本科生，北京工业大学。电子邮箱：kaizeyu@163.com

熊文，男，博士，北京工业大学，教授。电子邮箱：xwart@126.com

后　记

随着我国城镇化逐步进入生态文明建设的新阶段，城市发展由大规模增量建设转变为存量提质增效和增量结构调整并重。交通系统如何全面践行人民城市理念和新发展理念，主动融入城市群、都市圈的新空间格局和城市更新过程，积极适应数字化、智能化等新技术业态，努力提升服务品质和行业可持续发展能力，以有效应对统筹规划、协同发展、精细治理等方面存在的突出问题，是当前迫切需要研讨的议题。2025 城市交通规划年会围绕“新空间·新业态·新交通”主题组织了论文征集活动。共收到投稿论文 320 篇，在科技期刊学术不端文献检测系统筛查的基础上，经论文审查委员会匿名审阅，218 篇论文被录用，其中 23 篇论文精选为宣讲论文。

在本书付梓之际，真诚感谢所有投稿作者的倾心研究和踊跃投稿，感谢各位审稿专家认真公正、严格负责的评选！感谢中国城市规划设计研究院城市交通研究分院的乔伟、耿雪、张斯阳、王海英等在协助本书出版中付出的辛勤劳动！

论文全文电子版可通过中国城市规划学会城市交通规划专业委员会官网（https://transport.planning.org.cn）下载。

中国城市规划学会城市交通规划专业委员会

2025 年 5 月 6 日